U0265803

百姓家常菜
系列

家常菜
一本就够

尚锦文化 编
刘志刚 杨跃祥 摄影

中国纺织出版社

目 录 CONTENTS

猪牛羊

煎 炸 烤

鸡鸭鹅

鱼虾蟹贝

汤 煲

煎 炸

蔬菜

汤 煲

煎 炸

蒸 炖 烧

原料 猪臀肉500克

调料 葱段、姜块、料酒、酱油、糖、蒜泥、红油、味精各适量

做法
1 猪肉刮洗干净，入汤锅加葱段、姜块、料酒煮熟，再用原汤浸泡至温热，捞出沥干，切成长方形薄片装盘。
2 酱油加糖，在小火上熬制成浓稠状，加味精即成熟酱油。
3 将蒜泥、熟酱油、红油对成味汁，淋在肉片上即可。

蒜泥白肉

原料 煮熟的牛肉30克，熟牛肚30克，熟牛筋20克，熟鸡筋10克，熟鸡肫20克，熟猪口条30克

调料 盐、味精、红油、糖、花生碎、辣椒粉、香菜各适量

做法
1 将所有原料改刀成大小适宜的片。
2 将调料混合均匀，与所有原料拌匀，装盘即可。

夫妻肺片

猪牛羊 —— 小炒

酱牛肉

原料 鲜牛后腿肉1000克，黄瓜片适量

调料 盐、花椒、葱段、姜块、桂皮、八角、料酒、香叶、陈皮、丁香各适量

做法
1 牛肉用盐、花椒腌制3天，腌制时要反复揉擦，冬天要腌制5天。
2 腌好的肉浸泡在清水中10小时以上，用刀切成大块，去掉衣膜，放入水锅中焯水后洗净。
3 锅置火上，加入清水及余下的调料，放入牛肉，用大火烧沸，改中小火焖至熟烂，捞出晾凉，切片装盘，摆上黄瓜片即可。

红油耳片

原料 猪耳朵半只，红椒1个

调料 料酒、葱段、姜片、盐、酱油、醋、糖、味精、红油、葱白丝、葱叶、香菜各适量

做法
1 猪耳朵焯水后洗净，加入水锅中，放入料酒、葱段、姜片煮至熟软，入冷水中浸凉，片成片；葱叶切葱花；红椒切丁。
2 盐、酱油、醋、糖、味精、红油、葱白丝、葱花、香菜调匀，拌入猪耳片中即可。

原料 里脊肉400克，香菜50克

调料 盐3克，蛋清1个，姜丝5克，味精2克，辣椒段、色拉油各适量

做法 1 里脊肉洗净切丝，加盐、蛋清码味，放入四成热油中滑油；捞出沥油；香菜洗净切段。
2 炒锅内放姜丝、干辣椒段爆香，加肉丝、香菜段、盐、味精炒匀即可。

Tips 香菜放入略炒即出锅，能保留色泽及香气。

香辣肉丝

原料 腌雪里蕻150克，肉末100克，辣椒段少许

调料 色拉油、葱花、姜末、酱油、白糖、盐、味精、水淀粉各适量

做法 1 腌雪里蕻泡水去咸味，洗净切成小碎丁。
2 炒锅置火上，入油，下肉末煸炒变色，投入葱花、姜末、腌雪里蕻、辣椒段反复煸炒，再加入酱油、白糖、盐、味精，炒匀后用水淀粉勾芡，起锅盛盘即可。

Tips 雪里蕻泡水后要挤一下水。

雪里蕻炒肉末

榨菜炒肉丝

原料 榨菜70克，猪肉丝150克，红椒丝、小葱段各少许

调料 姜末、盐、淀粉、胡椒粉、鸡粉、鸡精、色拉油各适量

做法
1 将猪肉丝加盐、淀粉、胡椒粉、鸡粉和少量水拌匀上浆；榨菜切成丝后泡入清水，去除咸味。
2 将盐、淀粉、鸡精加少量水调成味汁。
3 将锅置火上烧热，入油，投入猪肉丝滑油至变色，倒入漏勺沥去油；炒锅复置火上，下小葱段、姜末爆香，下榨菜丝煸炒，入猪肉丝、红椒丝炒散，待快熟时加入勾兑好的味汁，翻炒几下出锅即可。

Tips
若是袋装榨菜丝就不用泡水。

土豆炒肉丝

原料 土豆100克，猪肉丝150克，红椒丝、小葱段各少许

调料 姜末、盐、淀粉、胡椒粉、鸡粉、鸡精、色拉油各适量

做法
1 将猪肉丝加盐、淀粉、胡椒粉、鸡粉和少量水拌匀上浆；土豆切成丝，泡入清水中。
2 将盐、淀粉、鸡精加少量水调成味汁。
3 将锅置火上烧热，入油，投入猪肉丝滑油至变色，倒入漏勺沥去油；炒锅复置火上，下小葱段、姜末爆香，入土豆丝煸炒，加猪肉丝、红椒丝炒散，待快熟时加入勾兑好的味汁，翻炒几下即可出锅。

Tips
猪肉丝上浆腌渍不但入味，还可使肉质滑嫩。

原料 水发粉丝200克，猪肉泥50克

调料 葱花、姜末、蒜蓉、高汤、豆瓣酱、酱油、香油、白糖、色拉油各适量

做法
1. 锅中倒入半锅水烧热，放入粉丝略烫2分钟，至颜色变白并膨胀，捞出沥干。
2. 油锅烧热，放入葱花、姜末、蒜蓉煸炒片刻，香味出来后放入猪肉泥炒散，加入高汤、豆瓣酱、酱油、香油、白糖，最后加入粉丝，炒至汤汁收干即可。

Tips

肉馅自己剁口感更好。

蚂蚁上树

回锅肉

原料 带皮猪后腿的二刀肉400克，青红椒70克

调料 葱段、姜片、料酒、郫县豆瓣酱、酱油、糖、色拉油各适量

做法
1. 将肉切成4厘米宽的条，入沸水锅中加葱段、姜片、料酒煮熟，捞出，晾凉后改切成片；青红椒切成寸段。
2. 将肉条入热锅中煸炒至肉出油卷起，加入豆瓣酱炒出香味，下青红椒、料酒、酱油、糖，再翻炒几下即可。

Tips

二刀肉指猪后腿斩去第一刀后，接着斩的那一刀，也叫臀尖。

原料 熟肥肠400克

调料 土豆淀粉少许，干辣椒80克，花椒30克，葱段20克，姜片、蒜片各10克，盐1克，鸡精3克，色拉油适量

做法
1. 熟肥肠切成小段，拍匀淀粉；干辣椒切段。
2. 油烧至五成热，放入肥肠炸至金黄色，捞出沥油。
3. 锅留底油，放入干辣椒、花椒、葱段、姜片、蒜片爆香，放入肥肠翻炒片刻，加盐、鸡精调味，略炒即可。

Tips

也可买生大肠自己煮熟再用，清洗时水中加醋和明矾反复揉洗，方可洗净。

干煸肥肠

银芽里脊丝

原料 里脊肉150克，大红椒半个，绿豆芽250克

调料 鸡蛋1个，淀粉10克，香葱2根，盐5克，鸡精2克，水淀粉15克，色拉油适量

做法
1 绿豆芽去头、尾；大红椒去籽、蒂，切丝；香葱切段。
2 里脊肉切成细丝，加蛋清、淀粉上浆。
3 锅加油烧至五成热，下入肉丝滑油，倒出沥油。
4 锅内留底油，放红椒丝、绿豆芽、葱段大火急炒，加肉丝炒匀，加盐、鸡精调味，用水淀粉勾芡，淋明油即可。

此菜需急火快炒，才能保持辣椒和豆芽的清脆。

尖椒肉丝

原料 青尖椒100克，猪肉丝150克，红椒丝50克

调料 葱花、姜末、盐、淀粉、胡椒粉、鸡粉、鸡精、色拉油各适量

做法
1 将猪肉丝加盐、淀粉、胡椒粉、鸡粉和少量水拌匀上浆；青尖椒洗净，切成丝，过水备用。
2 将盐、淀粉、鸡精加少量水调成味汁。
3 将锅置火上烧热，入油，投入猪肉丝滑至变色，倒入漏勺沥去油；炒锅复置火上，下葱花、姜末爆香，下青尖椒丝煸炒，入肉丝炒散，再放红椒丝翻炒几下，待快熟时加入勾兑好的味汁拌匀，出锅即可。

要大火快炒，尖椒方可保持脆的口感。

原料 里脊肉100克，鲜茶树菇30克，青红椒各半个

调料 淀粉、葱、姜、高汤、生抽、盐、味精、色拉油各适量

做法
1 茶树菇用温水泡好，切段，挤干水分。青红椒洗净，切丝。
2 里脊肉切丝，加淀粉拌匀上浆，下油锅滑散，捞出沥油。
3 炒锅加油烧热，下姜葱炒香，加入茶树菇、高汤、生抽、盐、味精烧至入味，加肉丝、青红椒炒匀即可。

Tips
若是干茶树菇，泡15分钟即可。

茶树菇炒肉丝

木樨肉

原料 猪瘦肉150克，鸡蛋3个，水发黄花菜50克，水发木耳50克，黄瓜片50克

调料 色拉油、葱丝、姜丝、盐、酱油、白糖、料酒、香油各适量

做法
1 将猪瘦肉切成片；鸡蛋磕入碗中，用筷子打匀。
2 炒锅上火，加油，烧热后加入鸡蛋液，炒散成小鸡蛋块，盛在盘中待用。
3 炒锅上火，加色拉油烧热，放入猪肉片煸炒，待肉色变白后，加葱丝、姜丝同炒，入料酒、酱油、白糖、盐调味，炒匀后加入黄花菜、木耳、黄瓜片和鸡蛋块同炒，炒熟后淋入香油即可。

原料 里脊肉200克，蕨菜250克

调料 葱10克，姜汁8克，料酒12克，盐3克，蛋清1个，白糖1克，醋、淀粉、色拉油各适量

做法
1 蕨菜去掉老根，洗净，切成段；里脊肉切成丝，放在碗里，加入盐、蛋清、淀粉调匀上浆。
2 炒锅里放入油，烧至二三成热，放入浆好的肉丝滑透捞出，控净油。
3 炒锅里留底油烧热，放入葱、姜汁煸香，放入蕨菜煸炒，再放入滑好的肉丝，加入盐、料酒、白糖、醋再炒几下，淋上少量明油，出锅装盘即成。

Tips
里脊肉要顺肉丝切。

肉丝炒如意菜

猪牛羊——小炒

腊肉炒苋菜

原料　腊肉100克，苋菜400克

调料　姜丝、葱段、生抽、盐、味精、色拉油各适量

做法　1 腊肉洗净切片。苋菜洗净去根、切段，入沸水中焯水沥干水分。

2 炒锅加油烧热，放腊肉煸炒出油，加姜丝、葱段、生抽略炒，再倒入苋菜，加盐、味精快炒出锅。

Tips
苋菜有绿、红、黯紫色等之分，以红色的为佳。

原料　苦瓜250克，腊肉100克，红椒半个

调料　姜丝、蒜末、料酒、胡椒粉、高汤、盐、味精、色拉油各适量

做法　1 苦瓜洗净切片。腊肉切片，用温水浸泡15分钟，焯水。红椒切片。

2 锅内加油烧热，先把姜丝、蒜末、辣椒片炒出香味，再放腊肉翻炒片刻，烹入料酒，放胡椒粉、苦瓜片、高汤、盐、味精炒熟即可。

苦瓜炒腊肉

Tips
腊肉也可先蒸一下再炒，可去咸味。

风味豆豉炒肉末

原料　猪肉馅300克，青椒1个，红椒1个

调料　豆豉、盐、味精、色拉油各适量

做法　1 青椒、红椒切成片。

2 锅加油烧热，放入青椒、红椒煸炒，加入豆豉炒香，倒入猪肉馅翻炒，加盐、味精炒匀即可。

原料 猪肋排500克，青椒1个，红椒1个，青蒜1棵

调料 盐、味精、料酒、葱段、姜片、永川豆豉、花椒、姜末、蒜末、老抽、白芝麻、色拉油各适量

做法
1 排骨剁寸段，冷水入锅焯水，冲净，加盐、味精、料酒、葱段、姜片煮熟，捞出；青蒜洗净切丁，青椒、红椒切丁。
2 锅加油烧热，放入永川豆豉、花椒爆香，加入姜末、蒜末煸炒，加入排骨翻炒入味，加老抽上色，加入青椒丁、红椒丁、青蒜丁炒匀，撒上白芝麻即可。

豆豉排骨

原料 鲜油发皮肚（肉皮）150克，山药100克，荷兰豆、胡萝卜各适量

调料 盐、味精、料酒、胡椒粉、色拉油各适量

做法
1 油发皮肚泡水回软，用碱液洗净，再入沸水锅焯水，切成片。
2 山药去皮洗净，煮熟，切片；荷兰豆、胡萝卜分别洗净切片。
3 锅放油烧热，投入原料翻炒，加水烧开，加盐、味精、料酒调味，炒匀后出锅装盘，撒胡椒粉即可。

山药皮肚

原料 茭白200克，青红椒50克，猪里脊150克

调料 蛋清10克，淀粉20克，葱10克，姜4克，蚝油10克，盐2克，胡椒粉2克，色拉油适量

做法
1 茭白去皮切丝；猪里脊切丝，用蛋清、淀粉上浆；青红椒切丝。
2 锅内加油烧六成热，下里脊丝滑熟。
3 锅留油烧热，下葱、姜炒香，放茭白、青红椒炒至变色，下肉丝炒匀。
4 加蚝油、盐、胡椒粉炒匀即可。

茭白炒肉

原料 海菜200克，猪肉150克，彩椒50克

调料 蛋清1克，葱10克，蒜8克，盐2克，胡椒粉2克，鸡粉4克，淀粉、色拉油各适量

做法
1 海菜切丝；猪肉切丝，用蛋清、淀粉上浆稍腌；彩椒切丝。
2 锅内加油烧至五成热，下肉丝滑熟。
3 锅留油烧热，下葱、蒜炒香，入海菜、猪肉、彩椒、盐、胡椒粉炒熟，加鸡粉即可。

Tips
海菜又叫龙爪、海白菜。

海菜肉丝

猪牛羊——小炒

京酱肉丝

原料 猪瘦肉200克，葱白丝适量

调料 料酒8克，姜汁6克，味精2克，白糖6克，蛋清1个，酱油、黄酱、淀粉、色拉油各适量

做法
1 猪肉切成长6厘米、粗0.3厘米的丝，加入酱油、蛋清、淀粉调匀上浆；葱丝摆盘。
2 肉丝入二三成热油中滑油、沥干。
3 油烧热，放入黄酱、白糖，炒至发黏并已出香味后，放入肉丝，加入料酒、姜汁、味精急速翻炒，见酱汁均匀地裹在肉丝上，淋明油，食时裹在豆皮里。

原料 猪肉150克，韭菜（或韭黄）200克，鸡蛋3个

调料 色拉油40克，盐3克，淀粉少许

做法
1 猪肉先切片，再顺肉丝切成长8厘米的细丝；韭菜切成3厘米长的段；鸡蛋加入盐、淀粉搅匀，放在炒锅里摊成蛋皮，切成丝。
2 炒锅里加油，烧热后放入肉丝，炒至七成熟、肉丝变色时，放入韭菜一同翻炒，随炒随加盐，见韭菜已熟，放上切好的蛋皮丝拌匀即可。

金丝韭菜

蕨菜炒腊肉

原料 干蕨菜100克，腊肉300克，青蒜1棵，红椒1个

调料 葱段、姜片、蒜瓣、郫县豆瓣、高汤、色拉油各适量

做法
1 干蕨菜冷水泡发，挤干水分，入沸水中煮5分钟，捞出冲凉，切成5厘米长段；红椒切菱形片；腊肉泡半天，刮去油污，洗净切片。
2 锅加油烧热，放入腊肉炒至出油，盛出。
3 原锅中加入葱段、姜片、蒜瓣炝出香味，加入蕨菜翻炒一下，加入腊肉、郫县豆瓣、少许高汤炒熟，大火收汁，加青蒜、红椒拌匀即可出锅。

原料 猪肉丝100克，豆芽菜75克，菠菜150克，韭菜50克，发好的粉丝150克，鸡蛋皮丝适量

调料 酱油、盐、味精、姜汁、葱丝、料酒、香油、色拉油各适量

做法
1 豆芽菜洗净；菠菜、韭菜切成小段。
2 油锅烧热，放入肉丝煸炒，下入葱丝炒至肉丝断生，加入豆芽菜炒至断生，再放入菠菜段、韭菜段、发好的粉丝、蛋皮丝同炒，随炒随放入酱油、料酒、姜汁、盐、味精及香油炒匀即成。

炒合菜

原料 四季豆350克，肉末75克，橄榄菜10克

调料 葱、蒜、盐、酱油、味精、色拉油各适量

做法
1 四季豆洗净，去筋切成小段，放入油锅中炸至表皮微皱，捞起，接着重新再炸一次，让四季豆表皮变皱，捞出沥油。
2 蒜切末；葱一半切段，一半切葱花。
3 炒锅加油烧热，放葱段、蒜、肉末、橄榄菜炒香，放四季豆稍炒，放盐、酱油、味精炒熟，撒葱花即可。

肉末榄菜四季豆

原料 腊肠2根，红尖椒1个，青蒜1棵

调料 姜片、干辣椒、蒜片、老干妈豆豉、料酒、生抽、盐、色拉油各适量

做法
1 腊肠切斜片。蒜切片。青蒜切段。
2 锅加油烧热，放入姜片、干辣椒、蒜片、老干妈豆豉煸香，放入腊肠、红尖椒翻炒，加料酒，炒2分钟，加入青蒜、生抽、少许盐即可。

小炒腊肠

原料 烟笋100克，腊肉300克，青蒜2棵

调料 干辣椒、高汤、盐、糖、味精、色拉油各适量

做法
1 烟笋剖开，切段，入沸水锅煮熟。腊肉泡水半天，刮净油污，洗净切片。青蒜切斜片。
2 锅加油烧热，放入干辣椒小火炝锅，放入腊肉炒至卷曲出油，加入烟笋、少许高汤、盐、糖、味精焖一会儿，大火收汁，加青蒜段翻炒即可出锅。

Tips

烟笋如果在高汤中煮熟味道更好。

烟笋炒腊肉

原料 猪肚尖300克，玉兰片、香菇、泡椒各30克

调料 盐、淀粉、味精、料酒、胡椒粉、淀粉、高汤、葱段、姜片、蒜末、葱花、色拉油各适量

做法
1 肚尖处理干净，划上菱形纹路，切成一口大小的块，加盐、淀粉略腌。
2 玉兰片切成薄片，香菇片薄片，泡椒剖开成两半。盐、味精、料酒、胡椒粉、淀粉、高汤调匀成味汁。
3 锅加油烧热，下肚尖爆炒几下，加入葱段、姜片、蒜末，再加玉兰片、香菇片、泡椒，加入味汁炒匀，撒葱花即可。

火爆肚头

猪牛羊——小炒

春笋炒腊肉

原料 春笋300克，腊肉200克，青蒜3根，红椒1个

调料 盐2克，料酒10克，老抽10克，鸡粉3克，色拉油适量

做法 1 腊肉切条，入沸水中焯至肥肉呈半透明状。
2 春笋切片、焯水，红椒切丝，青蒜切斜段。
3 锅内加油烧热，放春笋片煸至焦黄，放腊肉、红椒丝、青蒜炒匀，加盐、料酒、老抽调味炒熟，加鸡粉炒匀装盘。

Tips 春笋一定要焯水去苦涩味。

原料 肉末100克，鲜豇豆200克，红椒半个

调料 干辣椒10克，葱末10克，蒜末10克，酱油5克，盐2克，鸡粉3克，色拉油适量

做法 1 鲜豇豆、红椒均切丁。
2 锅加油烧热，下肉末炒变色，加干辣椒、葱末、蒜末炒香，放豇豆、红椒炒匀，烹入酱油，加盐、少许水、鸡粉炒熟即可。

Tips 1 豇豆不用焯水直接炒，味会更香浓一些。
2 豇豆既可热炒，又可焯水后凉拌，具有很好的调理血压作用。

豇豆炒肉末

豌豆炒米肠

原料 豌豆260克，米腊肠150克，红椒1个

调料 葱花10克，盐2克，胡椒粉2克，味精3克，香油2克，色拉油适量

做法 1 米腊肠、红椒均切丁。
2 锅加水烧开，入豌豆焯水。
3 锅加油烧热，下葱花炝锅，放鲜豌豆、米腊肠、红椒炒匀至变色，加盐、胡椒粉炒匀，放味精炒熟，淋香油即可。

Tips 豌豆最好买鲜的，营养比较丰富。

原料 猪脊骨1000克，青蒜1棵，泡姜、泡椒各适量

调料 料酒、葱段、姜块、盐、干辣椒、郫县豆瓣、盐、味精、色拉油各适量

做法
1 猪脊骨剁大块，冷水入锅焯水，沸后捞出冲净，入高压锅中，加水、料酒、葱段、姜块、盐煮熟捞出，撕下骨头上的肉。
2 泡姜、泡椒均切末。青蒜切粒。
3 锅加油烧热，放入干辣椒炝锅，再放入泡姜末、泡椒末、郫县豆瓣炒香，放入碎肉煸炒，放入青蒜粒、盐、味精炒1分钟即可。

Tips
必须用骨头上的肉味道才香。

泡椒碎碎肉

芫爆肚丝

原料 猪肚500克，香菜段50克

调料 盐3克，料酒15克，姜汁5克，味精4克，葱段25克，姜片25克，蒜片10克，香油5克，色拉油50克，醋、葱丝、胡椒粉各适量

做法
1 猪肚焯水捞出；另起锅，加水、葱段、料酒、姜片、猪肚烧开，转小火煮熟，捞出切成5~6厘米长的细丝。
2 锅中加油烧热后，放入葱丝、蒜片，炒至出香味时，放入肚丝，边翻炒边加入料酒、盐、姜汁、味精、醋，最后放入胡椒粉及香菜段，淋香油搅拌几下即成。

原料 猪腰1只

调料 料酒、盐、水淀粉、干辣椒、姜片、蒜片、老干妈豆豉酱、味精、淀粉、香油、葱花、色拉油各适量

做法
1 猪腰剖开，去腰臊，切厚片，划上交叉刀纹，加料酒、盐、水淀粉抓匀腌渍5分钟，入七成热油锅中滑油至变色即捞出。
2 锅留底油烧热，放入干辣椒、姜片、蒜片炝锅，加老干妈豆豉酱，倒入腰花，加盐、味精爆炒熟，勾芡，淋香油，撒葱花即可。

老干妈炒腰花

双椒爆腊肉

原料 腊肉200克，青椒1个，小米椒4根，香芹50克

调料 剁椒5克，蚝油5克，味精3克，糖3克，色拉油适量

做法
1 腊肉放入蒸锅蒸25分钟，取出切薄片。
2 芹菜摘掉叶子，切成寸长的段；青椒和小米椒去蒂后斜切成片。
3 锅倒入适量油，烧至七成热，放入腊肉片煸炒至肥肉变透明、肉片微微卷曲。
4 将肉片扒到一边，倒入剁椒、小米椒爆一下，和肉片一起炒匀。
5 放入青椒和芹菜一起大火爆炒半分钟，加蚝油、味精、糖炒熟即可。

Tips
炒前一定要把腊肉蒸一下或煮10分钟，这样会减淡咸味。

原料 腊肠200克，荷兰豆150克

调料 葱段5克，盐2克，色拉油适量

做法
1 腊肠洗净，上笼蒸5分钟，取出切片，荷兰豆去筋洗净。
2 锅内加水烧开，下入荷兰豆焯水，捞出沥水。
3 炒锅加油烧热，入葱段炝锅，下腊肠、荷兰豆、盐炒熟，出锅装盘即可。

腊肠炒荷兰豆

Tips
1 腊肠的口味很多，如广式腊肠、咸腊肠、腊熏肠等，可以根据自己爱好选择。
2 腊肠本身带有咸味，盐要少放或不放。

小炒木耳

原料 木耳350克，五花肉100克，小米椒50克

调料 葱段、姜片、蒜片各5克，盐5克，酱油10克，鸡精4克，色拉油适量

做法
1 木耳泡好，撕成小朵，五花肉切薄片，小米椒切丁。
2 炒锅加底油烧热，放入五花肉炒至卷起、出油，下入葱段、姜片、蒜片炒香。
3 再加入小米椒、木耳炒出香味，加盐、酱油、鸡精炒熟即可。

Tips
五花肉不要去皮，不要焯水，这样炒出来的口感会更香一些。

原料 猪肝200克，油炸花生米50克，青蒜1棵

调料 盐、料酒、干辣椒段、花椒、葱段、姜片、蒜片、味精、酱油、豆豉、淀粉、醋、色拉油各适量

做法
1 猪肝洗净，片成片，加盐、料酒腌渍20分钟。青蒜切段。
2 锅加油烧热，放入干辣椒段、花椒爆香，放入葱段、姜片、蒜片、豆豉煸炒，加入猪肝片炒熟，加入盐、味精、料酒、酱油，勾芡，淋少许醋，加入油炸花生米即可。

麻辣猪肝

香菜炒牛百叶

原料 香菜100克，牛百叶450克

调料 姜丝、料酒、盐、生抽、味精、色拉油各适量

做法
1 牛百叶洗净切丝、焯水。香菜洗净切段。
2 锅内加油烧热，放姜丝炝锅，加入牛百叶略炒，烹料酒，加入盐、生抽、味精翻炒均匀，最后放香菜段炒匀即可。

Tips
牛百叶焯水时间以30秒刚刚好。

原料 牛腱肉200克，西蓝花100克

调料 色拉油、蒜末、姜末、盐、味精、白糖、胡椒粉、料酒、生抽、老抽、淀粉、小苏打各适量

做法
1 将牛肉洗净，切成小片，放入碗中，加入除姜、蒜之外的调料搅拌均匀后盖好保鲜膜，放入冰箱冷藏半小时以上，备用。
2 盐、味精、白糖、胡椒粉、淀粉加少许清水，搅匀。
3 西蓝花洗净切块，入沸水锅中，焯水后控净水待用。
4 起油锅，将蒜末、姜末爆香，入牛肉片、西蓝花迅速翻炒，加味汁炒匀，起锅装盘即可。

西蓝花炒牛肉

Tips
牛肉要横着纹路切。

猪牛羊——小炒

豆腐干牛柳

原料 豆腐干150克，牛肉300克，彩椒50克

调料 葱花10克，姜末5克，盐2克，蚝油4克，美极鲜味汁3克，糖3克，味精3克，蛋清1个，嫩肉粉、色拉油各适量

做法
1 牛肉切条，用蛋清、嫩肉粉腌渍10分钟。
2 豆腐干切条，彩椒去籽切条。
3 锅加油烧六七成热，下牛肉滑熟，沥油。
4 锅留油，下葱姜爆香，放豆腐干、牛肉、彩椒炒匀，加盐、蚝油炒熟，最后放美极鲜味汁、糖、味精炒匀即可。

原料 牛肉500克，青蒜100克

调料 盐、淀粉、郫县豆瓣、花椒、姜末、辣椒油、酱油、糖、高汤、香油、葱花、色拉油各适量

做法
1 牛肉洗净，切成薄片，加盐、淀粉略腌20分钟，入四成热的油锅中滑油，捞出沥油。
2 青蒜洗净，切成和牛肉等长的段。
3 锅留底油，下郫县豆瓣、花椒炒出香味，放入牛肉片、青蒜段，加盐、姜末、辣椒油、酱油、糖、高汤、香油炒熟，撒葱花即可。

麻辣牛肉片

干煸牛肉丝

原料 牛瘦肉400克，莴笋50克

调料 花椒10克，料酒20克，干辣椒20克，姜丝10克，蒜片5克，豆瓣酱8克，味精4克，红油10克，色拉油适量

做法
1 牛肉横切成丝；莴笋切丝；干辣椒剪段。
2 锅加油烧热，放花椒炸出香味，下入牛肉丝炒散，继续翻炒至没有水分。
3 烹入料酒，再炒片刻，放干辣椒、姜丝、蒜片、豆瓣酱，将牛肉煸炒至酥干，放入莴笋丝、味精炒匀，淋红油即可。

原料 腊肉200克，冬笋200克，青蒜1棵

调料 干辣椒、永川豆豉、姜片、料酒、盐、味精、色拉油各适量

做法 1 腊肉泡半天，洗净，入锅蒸20分钟，取出切片。冬笋切片，入沸水中焯水5分钟，捞出沥干。青蒜切段。干辣椒掰成小段。

2 锅加油烧热，放入干辣椒、永川豆豉、姜片小火炒香，放入腊肉炒至肥肉呈半透明状，加料酒、冬笋、少许盐、味精翻炒，再加青蒜炒1分钟即可。

冬笋腊肉

原料 腊肉200克，莴笋1根，红尖椒1个

调料 花椒、味精、色拉油各适量

做法 1 腊肉泡半天，刮去表面的油污，洗净切片；莴笋去皮切片；红尖椒切片。

2 锅加油烧热，放入花椒爆香，加腊肉炒至肥肉呈半透明状，放入莴笋、红椒片翻炒，放少许味精调味即可。

莴笋炒腊肉

原料 萝卜干200克，腊肉200克

调料 姜片、蒜片、豆豉、剁椒、高汤、鸡精、色拉油各适量

做法 1 萝卜干温水泡软，洗净沥干切小段。

2 腊肉泡半天，洗净，入锅蒸20分钟，取出切薄片。

3 锅加油烧热，煸香姜片、蒜片，放入豆豉、剁椒爆香，加入腊肉翻炒1分钟，倒入萝卜干，加少许高汤略烧3分钟，加鸡精调味即可。

萝卜干炒腊肉

原料 带皮羊肉500克，尖椒适量

调料 料酒、盐、味精、葱、姜、酱油、糖、水淀粉、色拉油各适量

做法 1 羊肉洗净，加料酒、水煮熟，切成片；尖椒洗净，切成段。

2 锅中加油烧至110℃，将尖椒滑油，待成熟时捞出沥油。

3 锅留底油，煸香葱、姜和羊肉片，加水，加盐、味精、酱油、糖调味，用水淀粉勾芡，倒入尖椒翻拌均匀即可。

尖椒羊肉

猪牛羊——小炒

泡椒黄喉

原料 黄喉200克，泡椒50克

调料 葱段、姜片、蒜片、盐、味精、料酒、胡椒粉、小葱叶、色拉油各适量

做法
1 黄喉处理干净，切成片，入冷水锅中，水沸后捞出。
2 锅加油烧热，放入葱段、姜片、蒜片，再放入剁碎的泡椒煸炒，加入黄喉翻炒，加盐、味精、料酒，撒胡椒粉和小葱叶即可。

原料 牛肉200克，洋葱丝50克

调料 色拉油、黑椒、嫩肉粉、淀粉、鸡精、盐、色拉油各适量

做法
1 牛肉切成长方形薄片，用嫩肉粉、盐、鸡精、淀粉上浆，入油锅中滑油至熟，倒入漏勺沥去油待用。
2 炒锅置火上，放入油，加入洋葱炒香，入黑椒、盐、鸡精调味，投入牛肉片，翻锅炒匀，起锅装入盘中即成。

 Tips
1 紫洋葱和白洋葱营养基本一样，白皮洋葱肉层厚些。
2 洋葱不可炒太熟软，这样才能保留营养。

黑椒牛柳

芦笋炒牛肉

原料 牛肉200克，芦笋150克

调料 小苏打2克，酱油20克，胡椒粉1克，水淀粉10克，绍酒40克，葱片20克，姜片20克，糖2克，盐3克，味精2克，花生油适量

做法
1 牛肉去筋膜，切成薄片，加小苏打、酱油、胡椒粉、水淀粉、绍酒腌制10分钟。
2 牛肉入六成热油中炒至肉色变白，沥油。
3 锅内留底油，放入葱姜片、糖、酱油、盐、味精、少许水烧沸，用水淀粉勾芡，放入牛肉片、芦笋段翻炒均匀即可。

 Tips
芦笋质嫩，不宜久炒。

原料 净羊里脊300克，大葱白150克

调料 盐3克，酱油3克，味精3克，鸡蛋清1个，蒜片、淀粉、色拉油各适量

做法 1 羊里脊切片，用淀粉加鸡蛋清抓匀；大葱白切斜片。
2 锅置火上，加油烧至六成热，下入羊肉片过油，倒入漏勺沥油。
3 锅内留底油烧热，加蒜片、大葱白片煸香，倒入羊肉片，加盐、酱油、味精调味炒匀，装盘即可。

Tips
羊里脊剔去筋口感更嫩。

葱爆羊肉

爆羊三样

原料 鲜羊后腿肉、羊肝、羊腰各100克，冬笋片50克，鸡蛋1个，青椒片、红椒片各适量

调料 料酒15克，酱油6克，醋2克，白糖6克，味精2克，葱姜末8克，蒜片10克，淀粉、清汤、香油、盐、色拉油各适量

做法 1 羊肉、羊肝切成薄片，洗净。羊腰片开，去除腰臊，也切成薄片，洗净。将三种原料加入鸡蛋、料酒、淀粉，调拌均匀上浆。冬笋、青椒、红椒用开水焯一下。
2 取一个碗，里面放入清汤、酱油、料酒、白糖、味精、盐、淀粉调匀成芡汁。
3 油烧至三四成热，放入羊肉片、羊肝片、羊腰片滑透，再放入冬笋片滑一下，控油。
4 炒锅里放入底油烧热，放入葱姜末、蒜片煸炒出香味后，放入滑好的羊肉片、羊肝片、羊腰片、冬笋片和青椒片、红椒片，翻炒几下再倒入调好的芡汁，用旺火快速翻炒，再烹入醋，淋入香油，出锅装盘即成。

原料 鲜羊后腿肉250克，鲜菊花瓣适量

调料 料酒6克，姜汁5克，盐3克，葱丝5克，味精2克，胡椒粉、清汤、淀粉、蛋清、色拉油各适量

做法 1 羊肉洗净，去掉筋膜，切成细丝，泡去血水，攥干，放盆里，加入盐、蛋清、淀粉调匀上浆；菊花择好，洗净，攥干水。
2 前8种调料调匀成芡汁。
3 炒锅里放入油，烧至二三成热，放入浆好的羊肉丝滑透，捞出控净油，再放回炒锅中，放入调好的芡汁轻轻翻炒，再放入择好的菊花，翻炒两下，见芡汁已熟，淋入明油，出锅装盘即成。

Tips
此菜也可用羊里脊肉制作。

菊花羊肉

韭菜炒羊肝

原料 韭菜150克，羊肝200克

调料 姜末、料酒、盐、酱油、味精、色拉油各适量

做法
1 韭菜洗净，切小段。
2 羊肝洗净，去筋膜切片，放入沸水中焯去血水。
3 炒锅加油烧热，放姜末炒出香味，放入羊肝略炒，烹入料酒，加韭菜，再加盐、酱油、味精用大火炒熟即可。

Tips

羊肝具有明目的功效。

原料 茭白300克，羊肉150克，红椒30克

调料 蛋清、水淀粉、葱末、姜末、酱油、料酒、盐、味精、色拉油各适量

做法
1 羊肉切成丝，用蛋清、水淀粉上浆。
2 茭白剥去老皮，去根切成细丝。红椒去籽，洗净切丝。
3 炒锅放油烧热，放入肉丝炒散，放葱末、姜末、酱油、料酒炒匀，再放茭白、红椒丝、盐、味精炒熟即可。

Tips

有黑点的茭白比较老，但也可以吃。

茭白炒羊肉丝

孜然羊肉

原料 羊腿肉500克，香菜50克

调料 盐4克，孜然粉3克，辣椒面3克，鸡粉2克，色拉油适量

做法
1 羊肉洗净切片，加少许盐码味。香菜洗净切段，垫入盘底。
2 羊肉放入油锅炸至变色，捞出沥油。
3 锅内留底油，放入羊肉，加孜然粉、辣椒面、鸡粉快迅翻炒入味即可。

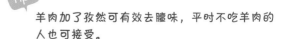

Tips

羊肉加了孜然可有效去膻味，平时不吃羊肉的人也可接受。

原料 猪肘子1只，豆瓣适量，红椒1个

调料 葱段、姜末、花椒、高汤、盐、料酒、红酱油、冰糖、葱花、淀粉、色拉油各适量

做法 1 肘子焯水冲净，放入砂锅。豆瓣剁碎。红椒切碎。

2 锅加油烧热，放入葱段、姜末、花椒，再加豆瓣炒出香味，加入足量高汤、盐、料酒、红酱油、冰糖，倒入砂锅中。

3 肘子煮至熟软，捞出，撒葱花、红椒碎。汤汁加水淀粉勾芡，淋明油，浇在肘子上即可。

Tips

豆瓣以四川郫县的最为有名。

豆瓣肘子

菜花烧肉

原料 五花肉200克，菜花200克，小米椒20克

调料 葱花5克，蒜片5克，盐5克，鸡粉3克，酱油4克，色拉油适量

做法 1 菜花切块；五花肉切片；小米椒劈开。

2 锅加油烧热，下五花肉煸炒出油卷曲，放葱、蒜爆香，加菜花炒匀，加适量开水煮至七成熟，加盐、鸡粉、酱油炒熟即可。

Tips

较菜花而言，西蓝花含维生素C更多，且有一定的清热解毒作用，对脾虚胃热、口臭烦渴者很适合。

原料 腊八豆200克，腊肉200克

调料 剁椒、葱花各适量

做法 1 腊肉提前泡半天，洗净切片。

2 碗中放入腊八豆，铺上腊肉，放上剁椒，入锅蒸20分钟，撒葱花即可。

Tips

腊八豆腌渍时已经调味了，所以这道菜不用单独加调味品了。

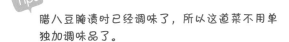

腊八豆蒸腊肉

猪牛羊——蒸炖烧

珍珠肉圆

原料 猪前腿夹心肉泥200克，糯米150克，鸡蛋适量

调料 水淀粉、淀粉、葱花、姜末、盐、味精、料酒、色拉油各适量

做法
1 将糯米用温开水浸泡10分钟，沥水，铺在盘中。
2 猪肉泥加蛋液、调料（水淀粉除外）调和上劲，挤成大小相等的球，沾裹上糯米，放入笼屉中。
3 锅中加水烧开，将笼屉上火蒸约半小时，取出装盘，浇薄芡即可。

1 此菜选材是关键，一定要肥瘦相间的前腿夹心肉，口味才好。
2 裹糯米动作要轻，以免破坏圆子形状。

元宝肉

原料 带皮猪五花肉500克，熟鸡蛋2个

调料 酱油15克，白糖5克，葱段30克，姜片20克，料酒10克，盐2克，香菜、梅干菜、八角、桂皮、水淀粉、味精、清汤、色拉油各适量

做法
1 将五花肉切成3厘米见方的小块，用开水焯一下捞出，控净水分；梅干菜洗净，切成寸段。
2 油烧至五六成热时，把熟鸡蛋放入油锅中，炸成虎皮色时捞出，控净。
3 锅留底油烧热，放入葱段、姜片、八角、桂皮稍炒，随即放入猪肉煸炒一会儿，加入酱油、料酒、白糖和清汤，用大火烧开，撇去浮沫，待20分钟后放入梅干菜和鸡蛋，用小火把肉煨熟烂，放入盐、味精，淋入少量水淀粉勾芡，出锅装盘，撒上香菜即成。

原料 五花肉1000克，梅干菜150克，葱花
少许

调料 色拉油、豆豉、红腐乳、蒜头、白
糖、川椒、料酒、盐、酱油、葱
段、姜片、水淀粉各适量

做法 1 五花肉煮至刚熟，取出清洗干净；
油烧至八成热时，以深色酱油涂匀
肉皮，将猪肉放入油中炸至无响声
时捞起，晾凉后改切成长8厘米、
宽4厘米、厚0.5厘米的厚片，排放
在扣碗内。

2 将豆豉、蒜头、红腐乳压烂成蓉，
加入川椒、料酒、盐、白糖、酱
油、葱段、姜片调匀，倒入肉碗
内，放锅中蒸约80分钟取出。

3 将梅干菜洗净，切碎，用白糖、酱
油拌匀，放在肉上，再蒸60分钟
取出，滤出原汁，然后将肉复扣在
盘中，将原汁烧滚，加水淀粉勾稀
芡，淋在扣肉上，撒上葱花即可。

梅菜扣肉

原料 带皮猪五花肋条肉1000克

调料 葱段、姜块、桂皮、干辣椒、八角、
红糖、味精、酱油、料酒、色拉油
各适量

做法 1 把五花肉入沸水锅中焯水后洗净，
切成3厘米见方的块待用。

2 锅里放油，放入红糖（白糖也
可），炒到糖熔化至微焦糊时，倒
入肉块煸炒，加入葱段、姜块、桂
皮、干辣椒、八角，大火爆炒至肉
变成深红色，加入酱油、料酒、味
精、清水淹没肉，大火煮沸，撇去
浮沫，加盖用小火焖烂，再用大火
收稠汤汁，起锅拣去葱段、姜块等
调料，装入碗中即成。

Tips

猪肉焯水时水中加些料酒可去腥。

红烧肉

猪牛羊——蒸炖烧

红烧肉炖干豇豆

原料 五花肉200克，干豇豆75克

调料 糖、老抽、料酒、葱段、姜片各适量，料包1个（桂皮、香叶、八角、干辣椒），盐、鸡精、色拉油各适量

做法
1 五花肉切小块，放入开水中焯5分钟，温水冲净血沫。
2 干豇豆用热水泡2小时，完全泡开后切段，焯水洗净。
3 炒锅加油烧至五成热，放糖用小火炒，变成棕色冒泡时放入五花肉炒匀，加老抽、料酒炒至出味时放葱姜同炒。
4 锅内加开水，放入干豇豆盖上盖，放入料包一起炖15分钟，加盐、鸡精再炖40分钟，用大火收汁即可。

Tips
干豇豆也可自己晒，入沸水焯1分钟，凉后在太阳下悬挂晒干即可。

原料 豆泡250克，肉末60克，香葱50克

调料 姜片3克，高汤60克，酱油8克，盐4克，味精2克，色拉油适量

做法
1 香葱洗净切末。
2 锅内加油烧热，放入肉末、姜爆香，加入高汤、豆泡烧沸。
3 加酱油、盐调味，用小火烧至熟透入味，加味精略烧，撒上葱花即可。

Tips
1 肉末也可自己剁，更筋道好吃。
2 豆泡也可用北豆腐自己炸。

肉末豆泡

笋干烧五花肉

原料 笋干200克，五花肉400克

调料 老抽20克，啤酒50克，五香粉5克，冰糖10克，蒜1瓣，盐5克，色拉油适量

做法
1 笋干洗净，放入锅内加适量水，以没过2厘米为宜，大火煮开后关火，放置冷却，然后换凉水浸泡2小时，中间换一次水，切条。五花肉洗净切大片。
2 炒锅加油烧热，烧至七成热时放入五花肉，煎至肉块两面颜色微焦时盛出。
3 煎五花肉的油倒出不用，锅内加入开水、五花肉、老抽、啤酒、五香粉、冰糖、蒜用大火煮开，撇去浮沫转小火炖约20分钟。
4 加入笋干，加盐搅匀，继续炖煮20分钟即可。

扁豆300克，五花肉400克

调料 绍酒20克，糖色20克，老抽10克，大料3个，桂皮8克，香叶2片，葱片10克，姜片5克，盐5克，鸡粉3克，色拉油适量

做法 1 五花肉切成2厘米见方的块；扁豆去筋掰成寸段。

2 锅加油烧至六成热，下入五花肉煸炒出油至变色，烹入绍酒，放糖色、老抽翻炒至上色，加水、大料、桂皮、香叶、葱、姜用大火烧开，改用小火炖15分钟，放入扁豆小火炖熟。

3 加入盐、鸡粉调味，烧至汤汁收干时即可。

Tips

1 五花肉煸炒时一定要用小火炒出肥油，这样烧出来的五花肉不会油腻，口感滑嫩。

2 水量一般以没过肉为宜，不可过多或过少。

扁豆烧肉

烧香菜丸子

原料 香菜50克，牛肉馅250克，鸡蛋2个

调料 盐、味精、酱油、淀粉、葱末、姜末、清汤、色拉油各适量

做法 1 香菜洗净，一半切末，一半切段。

2 鸡蛋磕入碗中，加牛肉馅、盐、味精、酱油、淀粉调制成馅，放入香菜末拌匀，做成丸子生坯。

3 炒锅内加油烧热，放入丸子炸至金黄色捞出。

4 锅内留底油，放葱姜煸香，加入清汤、酱油烧沸，放入丸子烧至入味，用水淀粉勾芡出锅，装入垫有香菜段的盘中即可。

Tips

1 拌肉馅时要沿一个方向搅拌。

2 丸子用中火炸。

原料 小肋排500克，大米250克，糯米250克

调料 花椒水、黄酱、白糖、盐、葱、姜、五香粉、南乳汁、米酒、胡椒粉、白芝麻各适量

做法 1 用花椒水稀释黄酱，加入第3～第10种调料，放入排骨拌匀，冷藏腌制1小时。

2 白芝麻入锅炒出香味，大米、糯米入锅炒至金黄。

3 把炒熟的白芝麻擀碎，大米、糯米擀成粉。

4 米粉中加入五香粉、盐，和芝麻碎一起倒入排骨中拌匀。

5 把拌匀的排骨摆入碗中，上笼蒸1.5小时即可。

Tips

水煮开后放20粒花椒，煮开后5分钟即成花椒水。

粉蒸肉排

猪牛羊——蒸炖烧

原料 小排骨500克

调料 料酒30克，姜片10克，葱段10克，糖70克，酱油20克，醋40克，盐3克，熟芝麻5克，色拉油适量

做法
1 排骨切4厘米长的段，放入加了料酒、姜片、葱段的沸水中煮40分钟至熟，捞出。
2 锅加油烧七成热，下小排炸至金黄色出锅。
3 锅中留底油，放糖熬化（火要小，糖不要熬糊了），在锅边淋入水、酱油、醋、盐，放入排骨烧8分钟至入味，撒上芝麻即可。

Tips
挑肉少的子排做好吃。

糖醋小排

原料 薯片10片，猪肋排300克，香菜50克

调料 姜片10克，料酒20克，排骨酱10克，香辣酱15克，酱油5克，高汤100克，盐3克，鸡精3克，色拉油适量

做法
1 猪肋排洗净，切成4厘米长的段，入加了姜片、料酒的开水中煮30分钟捞出。
2 炒锅加底油烧热，下入排骨酱、香辣酱、姜片爆香，放排骨炒匀，烹入酱油，加高汤、盐，以大火烧5分钟，改小火烧15分钟后加鸡精炒匀，出锅装在垫有薯片的盘中，上加香菜点缀即可。

薯片酱香排骨

原料 五花肉500克，豆皮100克，香菇200克

调料 白糖、老抽、八角、桂皮、干红辣椒、葱、姜、盐、鸡精各适量

做法
1 五花肉切块，入蒸锅蒸后入锅炸制。
2 锅中入少许水、白糖炒糖色，放入五花肉、老抽、八角、桂皮，加开水炖制。
3 炒锅入底油烧热，煸香八角、干红辣椒、葱、姜，下入香菇，加水后下入豆皮炖制，加盐、鸡精、老抽调味，倒入五花肉的锅中一同炖至入味即可。

豆皮炖肉

猪小排400克，圆泡椒100克

 葱段、姜片、蒜片各10克，辣椒酱50克，盐2克，酱油8克，色拉油适量

做法
1 猪小排洗净，剁成5厘米长的段。
2 排骨、料酒入沸水煮至八成熟，沥干。
3 锅内加油烧热，下入葱、姜、蒜、辣椒酱炒香，加圆泡椒、猪小排、水烧沸，加盐、酱油调味，用小火煨熟即可。

泡椒排骨

 五花肉500克，草鱼1条

 花椒、八角、姜、蒜、葱、料酒、老抽、腐乳、香叶、白糖、盐、鸡精、色拉油各适量

做法
1 油锅中煸香花椒、八角，下入姜、蒜，然后放入五花肉、葱、料酒、老抽煸炒。
2 煮锅中放入腐乳、香叶，把炒过的五花肉捞出放入煮锅中炖制。
3 另取油锅炸鱼，待鱼两面金黄时下入煮锅与五花肉一同炖制。
4 加入白糖、盐、鸡精，再炖5分钟即可。

小烧肉炖鱼

 猪肉片、豆干各250克

 生抽、料酒、盐、八角、花椒、五香粉、老抽、鸡精、葱、姜、蒜、青红椒各适量

做法
1 猪肉片中放入生抽、料酒、盐腌制15分钟。
2 锅中放入1个八角、20粒花椒、半勺五香粉，老抽、鸡精、盐各适量，倒入清水，放入豆干，煮入味后捞出来，晾凉后切条。
3 锅中煸香葱、姜、蒜，放入腌制好的肉片、老抽、料酒、盐各适量，加入温水，然后把豆干条铺在上面，盖上盖焖5分钟。
4 待汤汁收干后放入青红椒略烧即可。

27

豆干焖肉

 猪肋排500克，豆豉10克

 葱花、姜片、蒜片各5克，干辣椒10克，麻辣鲜5克，老干妈辣酱5克，盐2克，鸡精1克，酱油10克，高汤适量

做法
1 将猪肋排洗净切段，焯水沥干。
2 锅底加油烧热，下葱、姜、蒜、干辣椒、豆豉炒香，放入排骨、麻辣鲜、老干妈炒匀，放入盐、鸡精、酱油、高汤调匀，烧30分钟，至入味、熟烂即可。

豆豉辣味烧排骨

如果辣酱放的多的话，建议不用放盐。

猪牛羊——蒸炖烧

红烧乳肉

原料 五花肉500克，腐乳汁50克，藕100克

调料 冰糖、高汤、葱、姜、盐、色拉油各适量

做法
1 五花肉、藕分别切块。
2 锅入底油烧热，下入五花肉煸炒出水分，放入冰糖、腐乳汁连续翻炒。
3 待五花肉上色后加入高汤、葱、姜，汤开后改中火炖制。
4 另起锅加水烧开，加盐，放入藕块焯熟，捞出倒入肉锅中，大火收汁即可。

Tips 腐乳汁最好选用南乳的汁。

原料 五花肉400克，百叶结150克

调料 冰糖10克，老抽10克，盐2克，八角3个，桂皮2根，葱段5克，姜块10克，鸡精2克，葱花5克，色拉油适量

做法
1 五花肉洗净擦干，切成3厘米见方的块（保证每块肉上都带皮且肥瘦相间）。
2 锅中加油烧热，放入五花肉煸炒至变色，加入冰糖、老抽翻炒至冰糖化开，肉块呈酱红色。
3 加水没过肉，放入八角、桂皮、葱段、姜块，用大火烧开，改用小火焖煮约30分钟。
4 放入百叶结、盐，再煮15分钟，加鸡精调味，用大火收浓汤汁，装盘撒上葱花即可。

百叶结烧肉

红烧大肠

原料 猪大肠200克，竹笋尖20克

调料 葱段、姜片、蒜片、盐、鸡精、糖、老抽、胡椒粉、香油、色拉油各适量

做法
1 猪大肠切条、焯水，竹笋尖切条。
2 锅中加油，烧至六成热，放入葱姜蒜爆香，下入大肠煸炒，再放入竹笋尖炒匀。
3 加适量清水，调入盐、鸡精、糖、老抽、胡椒粉，烧至汤汁浓稠后，淋上香油即可。

Tips 猪大肠焯水可加些姜葱，能去腥。

原料 猪蹄300克，木瓜30克

调料 料酒、姜片、葱段、盐、鸡精各适量

做法
1 木瓜洗净，切成条；猪蹄去毛，剁成4块。
2 木瓜、猪蹄、料酒、姜、葱一同放炖锅内，加入2500毫升清水，用大火烧沸，再改用小火炖45分钟，拣出葱姜不用，加盐、鸡精调味即成。

Tips 皮色发青、手感硬实的是未熟木瓜，适合做菜。

木瓜烧猪蹄

原料 猪前蹄1只

调料 糖、盐、酱油各适量，五香料包（八角、桂皮、小茴香、花椒、草果）1个

做法
1 猪蹄放入清水中，煮沸（一是定型，二是去血水）后倒掉水。
2 洗干净锅，加少许油和50克糖，炒至糖化开，小火再炒，一直到糖色呈黄色. 此时加入适量的水、盐、酱油，加五香料包，放入猪蹄。待水沸后再用中小火煮1小时即可。

五香猪蹄

Tips

前蹄肉多筋肥，后蹄骨大肉少。

原料 牛肉400克，土豆200克

调料 酱油、糖、盐、味精、葱、姜、料酒、色拉油各适量

做法
1 牛肉洗净，切成大块，入沸水锅焯水后再洗净。
2 土豆去皮洗净，切成滚刀块，入油锅炸至金黄。
3 锅加油烧热，煸香葱、姜，加牛肉块煸炒，加料酒、酱油、糖、盐、味精略烧后加水，大火烧开，改小火烧至肉块酥烂，放土豆块略烧，大火收汁即可。

土豆烧牛肉

加牛骨一起烧味更香。

原料 牛腩400克，西芹100克

调料 姜片5克，红酒100克，盐3克，味精、色拉油各适量

做法
1 牛腩洗净切块，入沸水焯水捞出。西芹洗净，切菱形块。
2 锅内加油，放姜片、牛肉略炒，加水，用大火烧开，改用小火炖至牛肉熟烂，加红酒、西芹、盐、味精调味稍炖即可。

红酒炖牛腩

也可加入番茄一起烧。

原料 牛肉400克，红葱头80克，青红尖椒50克

调料 料酒10克，姜片5克，豆瓣酱10克，酱油10克，鸡精3克，盐2克，水淀粉、色拉油各适量

做法
1 牛肉切块，在放入料酒的滚水中焯水备用；红葱头剥掉外皮，一切两半；青红尖椒切圈。
2 锅中加油烧热，爆香姜片、豆瓣酱，放入牛肉煸炒，加酱油、鸡精、水焖至快熟时，加盐、红葱头、青红椒炒熟，用水淀粉勾薄芡即可。

红葱头焖牛肉

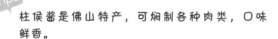
鱼羊鲜

30

原料 鳜鱼肉（带骨）600克，带皮羊肉500克，葱丝少许

调料 盐2克，味精2克，白糖4克，酱油10克，葱结10克，姜片10克，黄酒15克，胡椒粉1克，色拉油适量

做法
1 鳜鱼、羊肉分别切成长块。
2 锅内加色拉油烧热，入葱结、姜片煸香，下鳜鱼块煎至变色，入羊肉块、酱油、盐、黄酒、清水，炖至羊肉熟烂，加白糖、味精，用旺火收浓汁，撒胡椒粉，装盘撒上葱丝即可。

Tips
鱼、羊合烹味道互补，滋补营养，尤其适合秋冬食用。

原料 羊腩600克，蜜枣200克，胡萝卜100克

调料 盐、鸡精、海鲜酱、白糖、生姜、料酒、八角、柱侯酱、清汤、色拉油各适量

做法
1 羊腩洗净，切成3厘米见方的块，焯水，洗净待用。
2 胡萝卜洗净，去皮切块待用。
3 锅放油烧热，炒香八角、生姜，加入清汤、蜜枣、羊腩，大火烧开，改小火，加其他调料调味，烧半小时，加入胡萝卜，焖10分钟，收汁装盘即成。

Tips
柱侯酱是佛山特产，可焖制各种肉类，口味鲜香。

蜜枣羊肉

栗子焖羊肉

原料 羊肉500克，栗子200克

调料 干辣椒、八角、花椒、酱油、盐、味精、料酒、糖、葱、姜、色拉油各适量

做法
1 带皮羊肉洗净，切成大块，入沸水锅焯水后再洗净；栗子洗净。
2 锅放油烧热，煸香葱、姜，放羊肉块煸炒，加料酒、酱油、盐、味精、糖略烧，加水、栗子、八角、花椒，用大火烧开，改小火烧至肉块酥烂，加少许干辣椒，再用大火收汁即可。

Tips
1 糖尿病患者要少食栗子。
2 有上火症状者不宜食用羊肉。

原料 西蓝花100克，胡萝卜100克，猪排骨250克

调料 清汤、葱段、姜片、黄酒、盐、味精各适量

做法 1 西蓝花切块，胡萝卜去皮、切块，均入沸水锅焯水；排骨洗净，剁成块，入沸水锅焯水后洗净。
2 砂锅中加入清汤、排骨块、葱段、姜片、黄酒，烧沸后撇去浮沫，加盖炖2小时至排骨熟烂，放入西蓝花和胡萝卜，加入盐、味精，再烧5分钟，拣去葱段、姜片即可。

Tips 西蓝花的茎营养比花更丰富，削去外皮后即可入菜。

双蔬排骨汤

原料 猪子排250克，海带250克

调料 黄酒、姜块、葱段、盐、味精各适量

做法 1 排骨剁成小段，焯水后洗净；海带洗净，切成菱形片，焯水。
2 砂锅中放入排骨、海带片和水，加入黄酒、姜块、葱段，煮沸后撇去浮沫，加盖炖2小时至排骨熟烂，加盐、味精调味即可。

Tips 子排是排骨里最好最贵的，带有少许脆骨，肉质很香。

排骨海带汤

酸菜汤

原料 酸菜100克，熟肥肠圈丝150克

调料 清汤、料酒、姜汁、味精、盐、胡椒粉、色拉油各适量

做法
1 酸菜洗净，切成丝。
2 汤锅置火上，放入色拉油，放入酸菜煸炒出香味，加入清汤，随即放入熟肥肠圈丝，调入料酒、姜汁、味精、盐，烧沸后撇去浮沫，撒入胡椒粉即可。

 Tips

酸菜也可自己腌制，但腌1个月后再吃较安全。

莲藕炖排骨

原料 藕300克，排骨200克

调料 葱段10克，姜片5克，料酒5克，盐3克，鸡粉5克，胡椒粉3克，色拉油适量

做法
1 藕去皮切块，排骨切块。
2 排骨凉水下锅，烧至微沸，捞出冲净。
3 锅加油烧热，放葱、姜爆炒，下排骨煸炒，烹入料酒炒出香味。
4 砂锅加水烧开，倒入排骨用大火烧开，放入藕块煮沸，改用小火炖50分钟，用盐、鸡粉、胡椒粉调味即可。

 Tips

1 藕要选择藕节肥大粗短、表面鲜嫩、无烂不伤的。
2 可以加些枸杞子、人参，此汤属温补佳品，清而不淡，香而不腻。

原料 苦瓜200克，猪瘦肉片100克

调料 清汤、葱段、姜片、黄酒、盐、味精各适量

做法
1 苦瓜洗净，去瓤，切厚片，加入半茶匙盐腌半小时，放入滚水中煮3分钟以去除苦味，捞出冲水，滤净。
2 猪肉片加黄酒、盐、味精腌10分钟，放入滚水中汆至半熟，捞出沥干。
3 汤锅置火上，加入清汤、葱段、姜片，烧沸后放入猪肉片，撇去浮沫，倒入苦瓜，加入盐、味精，拣去葱段、姜片即可。

苦瓜表面果粒大、颜色青翠的好。

原料 排骨300克，玉米150克，藕150克，胡萝卜80克

调料 姜片10克，盐3克，鸡精3克，色拉油适量

做法
1 将排骨剁成段；玉米切成段；胡萝卜、藕分别切成块。
2 锅加油烧热，下姜片煸出香味，放入排骨煸炒片刻，加开水，用大火烧炖15分钟。
3 将排骨连汤一起倒入砂锅中，放入玉米、胡萝卜、藕，煲50分钟左右，加入盐、鸡精调味即可。

1 猪排可以直接炖煮，也可以焯水后去除杂质再炖。
2 炒后的排骨必须加开水炖，可保持汤汁清澈。

彩玉煲排骨

猪牛羊——汤煲

连锅汤

原料 猪后腿肉200克，白萝卜100克

调料 花椒、葱结、姜块、干辣椒、豆瓣、酱油、味精、香油、色拉油各适量

做法
1 猪肉刮洗干净，入沸水锅中煮沸，撇去浮沫，加入花椒、葱结、姜块，煮至肉刚熟捞出，晾凉后用刀切薄片；肉汤放入砂锅中。

2 萝卜去皮洗净，切成片，放入砂锅肉汤中，用小火煮至萝卜熟软时放入肉片，同煮几分钟，放入味精起锅。

3 油锅烧热，放入干辣椒、花椒炒呈棕红色，铲出，用刀剁成椒末；豆瓣剁细，入锅炒香至油呈红色，放入干辣椒和花椒末炒匀，加酱油、味精、香油调匀成香油豆瓣味汁，肉片蘸食调味汁食用。

咸肉豆腐汤

原料 豆腐300克，咸肉100克

调料 葱末、姜末、高汤、料酒、盐、味精、色拉油各适量

做法
1 豆腐切片；咸肉泡水以去除咸味，蒸熟后切片。

2 油锅烧热，下葱末、姜末炝锅，倒入高汤，放入豆腐、咸肉片，加料酒、盐、味精，炖至汤浓，淋色拉油即可。

Tips

腊肉是腌过再熏的，咸肉是只腌不熏的。

原料 猪腰1只，水发木耳100克，水发银耳50克

调料 淀粉、高汤、料酒、盐、味精、香油各适量

做法
1. 猪腰洗净，剖开，去除腰臊，刳成花刀，用淀粉上浆。木耳和银耳洗净，撕成块状。
2. 高汤煮沸，放入腰花，待汤微沸时撇去浮沫，加入料酒、木耳和银耳、盐、味精稍煮片刻，起锅盛入汤碗内，淋上几滴香油即可。

腰花双耳汤

Tips
腰臊是猪腰里白色的东西，是腥味的主要来源。

原料 猪瘦肉150克，豆腐300克

调料 淀粉、葱末、姜末、高汤、料酒、盐、味精、色拉油各适量

做法
1. 猪肉切片，加淀粉上浆；豆腐切片。
2. 油锅烧热，下葱末、姜末炝锅，倒入高汤，放豆腐，加料酒、盐、味精，再放入肉片，烧至肉片变色，撇去浮沫，出锅时淋少许烧热的色拉油即可。

猪牛羊——汤煲

肉片豆腐汤

Tips
肉片加淀粉是为了变得更加滑嫩。

花生猪蹄汤

原料 猪蹄500克，花生150克，枸杞子少许

调料 姜片、葱段、料酒、盐、味精各适量

做法
1 猪蹄镊去毛，刮洗干净，剁成块，入沸水锅中焯水后清洗干净；花生去皮，用清水浸透。
2 取炖盅一个，将猪蹄、花生、枸杞子、姜片、葱段、料酒一起放入盅内，加入清水，大火烧沸，撇去浮沫，加盖用小火炖约3小时，调入盐、味精即成。

Tips

1 前蹄肉多，适合各种烹饪方法；后蹄骨多肉少，煲汤合适。
2 前蹄稍贵，有"前吃后看"之说。

火腿白菜汤

原料 白菜200克，熟火腿50克

调料 葱末、姜末、高汤、盐、味精、香油、色拉油各适量

做法
1 白菜择去老叶，洗净，切丝；熟火腿切丝。
2 油锅烧热，放入葱末、姜末煸炒出香味，加入白菜丝稍加翻炒，放入高汤、火腿丝、盐煮开，淋上香油，放味精即可。

Tips

生火腿自己蒸的话，一般半小时即可。

原料 花生100克，红枣10克，猪瘦肉250克

调料 清汤、葱段、姜片、黄酒、盐、味精各适量

做法
1 花生洗净；红枣去核；猪肉洗净，切成块，入沸水锅焯水后洗净。
2 汤锅中加入清汤、葱段、姜片、黄酒、花生、红枣和肉块，烧沸后撇去浮沫，加盖炖1小时至猪肉熟烂，加入盐、味精，拣去葱段、姜片即可。

Tips
红枣易有虫卵，使用前一定要掰开查看。

花生红枣瘦肉汤

原料 黄豆（即大豆）100克，猪排骨300克，香菜少许

调料 色拉油、葱段、姜片、料酒、盐、味精各少许

做法
1 将黄豆浸泡，洗净待用；排骨剁成块，入沸水锅中焯水后洗净。
2 油锅烧热，下葱段、姜片炝锅，加料酒和清水，放入排骨炖30分钟，再放入黄豆，炖至黄豆熟软，加盐、味精调味，出锅撒上香菜即成。

Tips
黄豆提前浸泡2～3小时即可。

大豆排骨汤

猪牛羊——汤煲

家常菜 一本就够

原料 猪蹄250克，熟猪肚200克

调料 黄酒、姜块、葱段、盐、味精各适量

做法
1 猪蹄镊去毛，刮洗干净，焯水后再刮洗一次，剁成小块；熟猪肚切成大片。

2 砂锅中放入猪蹄和水，加入黄酒、姜块、葱段，煮沸后撇去浮沫，加盖炖2小时至猪蹄熟烂，再加入熟猪肚片炖20分钟，加盐、味精调味即可。

 Tips

猪肚即猪胃，具有治虚弱，健脾胃的功效。

猪蹄肚汤

原料 猪肉片100克，番茄块100克，洋葱片50克，胡萝卜片50克，圆白菜50克

调料 蒜、番茄酱、盐、面粉、色拉油各适量

做法
1 蒜拍碎；肉片用热水烫去血水。

2 油锅烧热，爆香蒜头，加肉片、洋葱、圆白菜略炒，加番茄酱拌匀，盛出。

3 锅中加入水煮沸，将所有原料放入煮沸（水必须盖过食材），转小火煮至胡萝卜变软，加盐调味，加一碗面粉水勾芡即可。

罗宋汤

 Tips

也可放入柠檬汁，味道会变得很鲜。

原料 猪肚1只（750克）

 调料 黄酒、姜块、葱段、盐、味精、面粉
各适量

 做法 1 猪肚用200克面粉反复揉捏，使猪
肚上脏的黏液依附在面粉上，再用
清水洗去。也可用50克盐撒在猪
肚上，反复揉捏，使猪肚上的黏液
去除，猪肚清洗后再焯水，洗净后
切片。

2 砂锅中放入猪肚片和水，加入黄
酒、姜块、葱段，煮沸后撇去浮
沫，加盖炖2小时至猪肚熟烂，加
盐、味精调味即可。

Tips

猪肚清洗后最好用刀刮去肚内残留
及黏液再焯水。

肚片汤

 原料 猪瘦肉200克，榨菜50克

 调料 清汤、盐、酱油、黄酒、味精各适量

 做法 1 猪肉切丝；榨菜洗净、切丝。

2 锅中倒入清汤，放入盐、酱油、黄
酒、味精，烧沸后，放入肉丝和榨
菜丝，用勺子搅动，煮到肉丝熟时
（不能大沸），即把肉丝和榨菜捞
于碗内，汤烧沸，撇去浮沫，倒入
碗中即可。

Tips

大块的榨菜切丝后最好先泡10分钟
去除多余的咸味；若是小袋装的可
直接用。

榨菜肉丝汤

猪牛羊——汤煲

原料　牛蒡50克，山药100克，小排骨350克

调料　黄酒、葱段、姜片、清汤、盐、味精各适量

做法　1 牛蒡去皮、切段；山药切小块，焯熟；小排骨斩成3厘米长的段，放入沸水中烫片刻，捞出洗净，放大碗中，加黄酒、葱段、姜块，上笼蒸烂。
2 锅置火上，放入蒸熟的排骨，加入牛蒡、山药、清汤，烧沸后撇去浮沫，加入盐、味精调味，拣去葱段、姜片即可。

Tips

1 牛蒡削皮后泡水中，以免氧化变黑。
2 牛蒡在日本是非常受欢迎的蔬菜，具一定的防癌作用。

牛蒡排骨汤

原料　山楂100克，猪瘦肉200克，红枣10克

调料　清汤、葱段、姜片、黄酒、盐、味精各适量

做法　1 山楂去核，入沸水锅焯水；猪肉洗净，切成厚片，入沸水锅焯水后洗净。
2 砂锅中加入清汤、山楂、猪肉、红枣、葱段、姜片、黄酒，烧沸后撇去浮沫，加盖炖1小时至肉熟烂，加入盐、味精调味，拣去葱段、姜片即可。

Tips

1 山楂具开胃消食、活血化瘀之功效。
2 山楂含糖量高，糖尿病患者慎食。

山楂瘦肉汤

原料　熟猪肚片150克，熟猪肺片150克，胡萝卜片、莴笋片、枸杞子各少许

调料　葱段、姜片、黄酒、盐、味精、清汤、胡椒粉、色拉油各适量

做法　1 将熟肚片、熟肺片放入沸水中烫片刻，倒入漏勺中沥水。
2 锅置火上，倒入色拉油烧热后，放入葱段、姜片、熟肚片、熟肺片、胡萝卜片、莴笋片稍煸炒，加入清汤、黄酒、枸杞子烧沸后，撇去浮沫，加入盐、味精，拣去葱段、姜片，撒胡椒粉，起锅倒入碗中即成。

肚肺汤

Tips

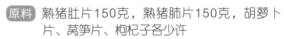

此汤具补脏明目、补中益气、补虚止渴之功效。

原料 猪肝150克，菠菜150克

调料 黄酒、葱段、姜片、盐、味精、清汤、色拉油各适量

做法 1 猪肝去掉肝筋，切成宽柳叶形片，放碗中，加入黄酒、葱段、姜片和适量清水腌渍。

2 锅中加入清汤烧沸，倒入猪肝和泡猪肝的水，再沸后撇去浮沫，加入菠菜、盐、味精，拣去葱段、姜片，起锅淋入色拉油即可。

菠菜猪肝汤

Tips

菠菜稍烫即熟，不可久煮。

红枣猪心煲

原料 熟猪心250克，去核红枣100克

调料 高汤、黄酒、姜块、葱段、盐、味精各适量

做法 1 熟猪心切片；红枣洗净。

2 砂锅中放入熟猪心片、红枣和高汤，加入黄酒、姜块、葱段，煮沸后撇去浮沫，加盖炖20分钟至熟烂，加盐、味精调味即可。

Tips

猪心与红枣搭配，能够养心安神、补益脾肾。

原料 猪瘦肉150克，丝瓜250克

调料 淀粉、高汤、盐、味精、香油各适量

做法 1 猪肉洗净，切成薄片，用淀粉上浆。丝瓜去皮、洗净，切成块状。

2 砂锅放入高汤煮沸，肉片放入锅内，待汤微沸时撇去浮沫，加入丝瓜、盐、味精稍煮片刻，起锅盛入汤碗，淋上香油即可。

Tips

丝瓜要挑捏起来硬实的、细一点的，因为比较嫩。

丝瓜肉片汤

原料 熟猪肋条肉200克，水发粉丝150克，菜花200克

调料 盐、味精、高汤各适量

做法
1 菜花焯水后切成小块；熟猪肋条肉切成大片。
2 砂锅中放入粉丝、菜花，再把肉片放在上面，加入用盐、味精调好味的高汤，炖20分钟即可。

Tips

粉丝不可用热水泡，因为容易变黏。

砂锅白肉汤

原料 猪子排250克，白萝卜250克

调料 黄酒、姜块、葱段、盐、味精各适量

做法
1 排骨剁成小段，焯水后洗净；白萝卜去皮，切成滚刀块，焯水。
2 砂锅中放入排骨、萝卜块和水，加入黄酒、姜块、葱段，煮沸后撇去浮沫，加盖炖2小时至排骨熟烂，加盐、味精调味即可。

Tips

1 白萝卜性偏寒凉，脾虚泄泻者少食。
2 白萝卜不宜与人参同食。

萝卜排骨汤

原料 水发猪蹄筋400克，淡菜100克，白菜100克

调料 高汤、葱段、姜片、黄酒、虾子、盐、鸡油各适量

做法
1 猪蹄筋切成3厘米长的段，用高汤、葱段、姜片、黄酒略煮后，捞出洗净。
2 淡菜用开水泡透，去掉泥沙洗净，加入少许高汤，上笼蒸熟取出（汤汁不要）。
3 砂锅中放入蹄筋、淡菜、高汤、虾子、黄酒、葱段、姜片，用小火煨半小时左右，拣去葱段、姜片，煨透后加盐调味，加白菜炖5分钟，再淋上少许鸡油即可食用。

砂锅蹄筋

Tips

猪蹄筋除美容养颜之外，还具养血补肝、强筋壮骨之效。

原料 牛腩400克，白萝卜150克，胡萝卜150克，葱花少许

调料 姜末、米酒、高汤、老抽、盐、味精、色拉油各适量

做法
1 牛腩切小块，入沸水锅中焯水后控干；白萝卜和胡萝卜分别切块，入沸水锅中稍煮，控净水分。
2 油锅烧热，放入姜末煸炒，倒入牛腩块，加米酒、高汤、老抽、盐、味精焖煮，待牛腩块上色入味，倒入砂锅，加入白萝卜块和胡萝卜块，同炖30分钟，撒上葱花即可。

 Tips

牛腩是牛腹部及靠近牛肋处的肌肉。

萝卜牛腩煲

冬瓜排骨汤

原料 猪子排250克，冬瓜500克

调料 黄酒、姜块、葱段、盐、味精各适量

做法
1 排骨剁成小段，焯水后洗净；冬瓜去皮、焯水。
2 砂锅中放入排骨和水，加入黄酒、姜块、葱段，煮沸后撇去浮沫，加盖炖2小时至排骨熟烂，再加入冬瓜炖10分钟，加盐、味精调味即可。

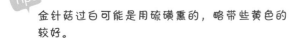

原料 金针菇200克，猪肉丝150克，鸡蛋液20克

调料 淀粉、盐、味精、高汤、豆油各适量

做法
1 金针菇洗净，焯水后切成段；肉丝用鸡蛋液、淀粉上浆。
2 炒锅上火，放入豆油烧至五成热，投入肉丝滑油后，倒入漏勺沥去油。
3 汤锅上火，倒入高汤，加入金针菇，大火煮10分钟，再放入肉丝，用盐、味精调味即可。

Tips

金针菇过白可能是用硫磺熏的，略带些黄色的较好。

金针肉丝汤

43

猪牛羊——汤煲

莲藕牛腩

原料 藕150克，牛腩肉250克

调料 清汤、葱段、姜片、黄酒、盐、味精各适量

做法
1 藕刨去皮，切成滚刀块，入沸水锅焯水；牛腩洗净，切块，入沸水锅焯水后洗净。
2 汤锅中加入清汤、葱段、姜片、藕和牛腩块、黄酒，烧沸后撇去浮沫，加盖炖2小时至牛腩熟烂，加入盐、味精，拣去葱段、姜片即可。

Tips
红花藕瘦长，皮黄褐色，口感很面，适合煲汤。白花藕肥圆，皮白色，脆嫩，适合凉拌或炒食。

原料 猪瘦肉150克，茭白250克

调料 淀粉、高汤、盐、味精、香油各适量

做法
1 猪肉洗净，切成薄片，用淀粉上浆；茭白去皮、洗净，切成丝，入沸水锅焯水后沥干。
2 高汤煮沸，放入肉片，待汤微沸时撇去浮沫，加入茭白丝、盐、味精稍煮片刻，起锅盛入汤碗内，淋上几滴香油即可。

Tips
茭白以春夏季的营养最佳，茎部肥大的质嫩味鲜。

肉丝茭白汤

酸辣汤

原料 肉丝150克，水发木耳10克，笋丝25克，香菜5克

调料 清汤、绍酒、酱油、醋、姜汁、味精、盐、水淀粉、胡椒粉各适量

做法
1 肉丝、木耳、笋丝洗净；香菜切末，放在盘中。
2 锅置火上，倒入清汤，放肉丝、木耳、笋丝，调入绍酒、酱油、醋、姜汁、味精、盐，烧沸后撇去浮沫，淋入水淀粉，勾成薄芡，撒入胡椒粉即可。

Tips
此汤的辣来自胡椒粉，也可换成胡椒粒，香辣味更浓。

丝瓜猪蹄汤

原料 猪蹄1只，嫩丝瓜100克，枸杞子10克，当归10克

调料 姜片、绍酒、清汤、盐、胡椒粉、香菜、花生油各适量

做法
1 当归切片；丝瓜去皮、籽，切片；猪蹄镊净毛，刮干净后斩成块。
2 猪蹄入沸水锅中火煮15分钟，约八成熟时捞起。
3 锅加油烧热，放入姜片炒香，加入猪蹄、绍酒、当归，加入适量清汤，烧开，再下入丝瓜、调入盐、胡椒粉、枸杞子，煮5分钟，撒香菜即可。

Tips
当归尤适女性补益，具调经止痛、补血活血作用。

栗子羊肉汤

原料 羊肉250克，栗子150克

调料 黄酒、姜块、葱段、盐、味精各适量

做法
1 羊肉剁成小段，焯水后洗净；栗子取肉，焯水。
2 砂锅中放入羊肉块和水，加入黄酒、姜块、葱段，煮沸后撇去浮沫，加盖炖1.5小时至羊肉熟烂，再加入栗子炖10分钟，加盐、味精调味即可。

Tips
汤中放几片山楂，可去羊肉膻味，也可放几个核桃肉，异曲同工。

原料 猪肚1个，水发莲子30颗，枸杞子10克

调料 盐、香油、葱末、姜末、蒜末各适量

做法
1 猪肚焯水洗净，内装水发莲子（去心），用线缝合，放入锅内，加枸杞子、清水炖熟透，捞出晾凉。
2 猪肚切成片，同莲子一起放入盘中。盐、香油、葱、姜、蒜加煮猪肚的汤（少许）拌匀，浇在猪肚莲子上即可。

Tips
莲子心具清心去火、降压平肝的功效，若不嫌味苦，可保留莲子心一起吃。

莲子猪肚

猪牛羊——汤煲

白果小排汤

原料 猪子排500克，白果150克

调料 黄酒、姜块、葱段、盐、味精各适量

做法
1 排骨剁成小段，焯水后洗净；白果去壳、皮、心，焯水。
2 砂锅中放入排骨和水，加入黄酒、姜块、葱段，煮沸后撇去浮沫，加盖炖2小时至排骨熟烂，再加入白果炖10分钟，加盐、味精调味即可。

 Tips

白果不宜生吃，易中毒，中毒剂量为10~50粒。

原料 鲜玉米棒250克，猪排骨250克

调料 清汤、葱段、姜片、黄酒、盐、味精各适量

做法
1 鲜玉米棒切成块，入沸水锅焯水；排骨洗净，剁成块，入沸水锅焯水后洗净。
2 砂锅中加入清汤、玉米、排骨块、葱段、姜片、黄酒，烧沸后撇去浮沫，加盖炖2小时至排骨熟烂，加入盐、味精，拣去葱段、姜片即可。

 Tips

煲汤适合用黄色的甜玉米。

玉米排骨汤

羊肉粉皮汤

原料 羊肉250克，水发粉皮150克

调料 黄酒、姜块、葱段、盐、味精各适量

做法
1 羊肉剁成小段，焯水后洗净；粉皮切成块。
2 砂锅中放入羊肉块和水，加入黄酒、姜块、葱段，煮沸后撇去浮沫，加盖炖1.5小时至羊肉熟烂，再加入粉皮炖10分钟，加盐、味精调味即可。

Tips

粉皮要用温水泡开。

原料 肋排500克，口蘑、洋葱各适量

调料 姜片、葱段、花椒、八角、蚝油、柱侯酱、沙茶酱、老抽、生抽、白糖、料酒、蜂蜜、蒜蓉、胡椒粉、盐各适量

做法
1 肋排入沸水锅焯水，洗去血污，入冷水锅，加入姜片、葱段、花椒、八角，改成小火煮20分钟。
2 捞出肋排后放在保鲜盒中，加入蚝油、柱侯酱、沙茶酱、老抽、生抽、白糖、料酒、蜂蜜、蒜蓉、胡椒粉、盐搅拌均匀，放进冰箱冷藏几小时或者过夜。
3 肋排腌制好后，把烤箱预热到200℃，烤盘铺上一层锡纸，然后将切成片状的口蘑、洋葱等配菜垫在烤盘上，把排骨放在配菜上面，再裹上一层锡纸，把肋排和蔬菜用整张锡纸包住，形成一个锡纸包。烤20～30分钟即可。

什蔬烤排骨

原料 里脊肉150克，芝麻、鸡蛋各适量

调料 干淀粉、盐、味精、葱、姜、料酒、色拉油各适量

做法
1 里脊肉洗净，切成条，用葱、姜、料酒、盐、味精腌渍约15分钟。
2 腌好的肉条加蛋液、干淀粉调均匀，沾裹上芝麻。
3 锅中油加热至160℃，将肉条投入锅中进行炸制，待成熟时捞出装盘即可。

 Tips

淀粉先用水拌开，再与蛋液搅匀，否则易结块。

芝麻肉条

猪牛羊——煎炸烤

香煎牛排

原料 牛里脊肉300克

调料 盐、黑胡椒粉、葱末、胡椒粉、番茄酱、色拉油各适量

做法
1 牛里脊切10厘米长、5厘米宽的片，加盐、黑胡椒粉腌制。
2 用大火预热煎锅3分钟，放油，牛肉两面加葱末、胡椒粉摆在煎锅内煎，煎至牛里脊两面金黄色，再撒上胡椒粉。
3 牛排装入盘中，淋上番茄酱即可。

Tips

牛肉腌制5～10分钟再煎。

原料 净羊肉1000克，竹扦适量

调料 羊油100克，盐30克，辣椒粉20克，孜然粉20克

做法
1 将羊肉切成1厘米见方的块，把羊油切0.5厘米见方的块，用盐拌匀搅透，腌10分钟。用竹扦间隔串上羊肉和羊油，大约穿30串。
2 将羊肉串架在烤肉槽上，起烟不停翻转，待羊肉烤得滴油时，撒上盐、辣椒粉、孜然粉再烤2分钟，烤出香味即可。

烤羊肉串

老北京烤羊肉

原料 羊里脊500克

调料 二锅头、老抽、鸡精、蒜、姜、卤虾油、香油、辣椒面、葱白、香菜各适量

做法
1 羊里脊切片，加入少量二锅头、老抽、鸡精、蒜、姜、卤虾油、香油，用手抓匀。
2 加入适量辣椒面，腌制30分钟。
3 平铛放在火上，有点冒烟时将肉片下入锅中，用筷子不停搅拌。
4 待肉九成熟时下入葱白，再下入香菜，立即关火即可。

原料 羊排750克，洋葱100克，番茄100克

调料 姜、八角、盐、料酒、味精、番茄酱、黑胡椒、酱油、香菜各适量

做法
1 凉水下锅煮羊排，水开后撇去浮沫。
2 锅中放入少许洋葱、姜、八角、盐，煮至当筷子能插入羊排时即可捞出。
3 用料酒、味精、番茄酱、黑胡椒、少许酱油腌制羊排10～20分钟。
4 羊排烤10～15分钟。
5 番茄切片装盘，摆上羊排，点缀香菜。

天山羊排

原料 光鸡1只（约1000克），青、红椒丝各少许

调料 姜、葱、蒜、酱油、味精、花生油、料酒各适量

做法 1 取部分葱切段，姜切片，备用；其余葱、姜和蒜均切末，分别与酱油、味精盛装两小碟，各自拌匀。用中火烧热炒锅，下油烧至微沸，盛出，分别淋在两小碟上，作味碟，以供蘸食。

2 将鸡洗净，放入清水中，加料酒、葱段、姜片煮，中间取出两次，倒出腹腔中的水，以保持内外温度一致。约煮15分钟至熟，用铁钩勾起，再放在冷开水中浸凉，并洗去绒毛、黄衣，捞起后晾干表皮，抹上熟花生油，切块，盛入碟中，摆成鸡形，撒上青椒丝、红椒丝即可。吃时佐以味碟。

白斩鸡

棒棒鸡丝

原料 鸡脯肉200克

调料 葱、花椒、盐、味精、料酒、葱油各适量

做法 1 鸡脯肉洗净、煮熟，捞出晾透，撕成丝。
2 花椒炒熟碾碎；葱洗净，切成葱花。
3 将鸡脯肉丝和调料拌匀，装盘即可。

Tips
鸡肉要顺着纹理切。

49

原料 熟鸡丝200克，熟笋丝适量

调料 盐、料酒、酱油、香油、蒜泥、味精、糖、红油、醋、姜末各适量

做法 将熟鸡丝和熟笋丝拌好码放于盘中，调料拌匀，浇在鸡丝和笋丝上即可。

竹笋拌鸡丝

Tips
挑笋时以头扁、身弯的较嫩。

鸡鸭鹅——凉菜

怪味鸡

原料 光鸡半只，香菜少许

调料 葱、姜、蒜、红油、白糖、盐、味精、料酒、醋、熟芝麻、花生仁、花椒粉各适量

做法
1 光鸡治净，入沸水锅中煮至熟，捞出，迅速冲凉，剁块装盘。
2 葱、姜、蒜洗净，分别加工成葱花、姜米、蒜泥。
3 将调味料调成怪味汁，浇在鸡块上，放香菜即可。

Tips
香菜全年都有，但以秋冬的营养最充足。

原料 仔鸡1只，去皮熟花生末15克，青红小米椒各20克，熟白芝麻10克

调料 盐5克，料酒15克，香油5克，葱、姜、蒜各15克，花椒5克，红油、色拉油各适量

做法
1 仔鸡洗净，浸泡去血水。
2 汤锅中加水没过仔鸡，加葱、姜、盐、料酒，用大火煮熟，焖10分钟捞出晾凉，抹上香油，改刀成小块装入盘中。
3 青红小米椒切成圈。
4 锅内加油烧热，入葱、姜、蒜、花椒爆香后，放入小米椒煸香，出锅倒在鸡块上，淋上红油，撒上熟白芝麻、花生末即可。

Tips
鸡一定要选嫩的，否则口感不佳。

口水鸡

辣拌鸡肫

原料 鸡肫200克

调料 蒜泥、葱、姜、料酒、盐、味精、红油、香菜、杭椒各适量

做法
1 鸡肫剖开洗净，撕去鸡内金，用盐、料酒腌渍，加葱、姜、料酒、水煮熟，捞出晾凉。
2 鸡肫切成片，加蒜泥、盐、味精、红油拌匀，装盘，放上洗净的香菜、杭椒即可。

Tips
1 煮鸡肫时不要放太多盐，后面因为拌时还要加盐。
2 鸡肫一般煮20分钟即熟。

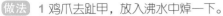
原料　话梅100克，鸡爪300克

调料　八角3克，黄酒50克，姜10克，盐2克

做法　1 鸡爪去趾甲，放入沸水中焯一下。
2 锅内加水烧开，放八角、黄酒、姜、盐、话梅烧开，放鸡爪用小火炖熟即可。

Tips
话梅具有益血生津、健胃温脾的功效。

话梅凤爪

麻香鸡肫

原料　鸡肫、香油、辣椒油各适量

调料　八角4个，花椒、味精、冰糖、盐、料酒、酱油、蚝油、桂皮、小茴香、甘草、香叶、五香粉、陈皮、草果各适量

做法　1 鸡肫洗净，焯水备用。
2 锅中放入调料和水，小火煮沸，放入鸡肫卤煮至熟。
3 捞出鸡肫冷却，切片装盘，淋上香油和辣椒油拌匀即可。

Tips
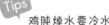
鸡肫焯水要冷水入锅，才能去淤血。

原料　土仔鸡500克

调料　小米椒20克，青红尖椒各10克，鲜青花椒10克，泡椒5克，香菜10克，盐2克，味精3克，白糖少许，料酒10克，姜10克，葱20克，生菜籽油10克

做法　1 锅中加清水、姜、葱、料酒，再下入仔鸡煮熟，用原汤浸泡至冷。
2 将小米椒、泡椒剁成蓉，置于盆内，加盐、味精、白糖、鸡汤、生菜籽油、鲜青花椒拌匀，腌渍1小时成味汁。
3 仔鸡去大骨后，斩成4厘米见方的块；香菜洗净切成小段；青红尖椒切成圈。
4 鸡块加味汁、香菜、青红椒圈拌匀即成。

小米椒拌鸡

鸡鸭鹅——凉菜

原料 鸭翅尖300克，芹菜叶少许

调料 花椒、葱、姜、料酒、酱油、盐、味精、八角、色拉油各适量

做法
1 鸭翅尖洗净，用盐、料酒、酱油腌渍。
2 锅中加油，加热至160℃时放入鸭翅尖炸至金黄色，捞出沥油。
3 锅留底油，加水、花椒、葱、姜、料酒、酱油、味精、八角调制成卤汁，放入鸭翅，小火烧至卤汁收干时出锅，晾凉装盘，装饰芹菜叶即可。

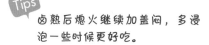
美味鸭翅

原料 光鸭半只

调料 八角4个，辣椒、味精、冰糖、盐、料酒、香油、蚝油、桂皮、小茴香、甘草、香叶、五香粉、陈皮、草果各适量

做法
1 鸭子洗净，汆水。
2 锅中放入调料和水，小火煮沸，放入鸭子慢卤至熟。
3 捞出鸭子冷却，改刀装盘即可。

Tips
卤熟后熄火继续加盖焖，多浸泡一些时候更好吃。

卤鸭

原料 光鸭1只

调料 花椒、五香粉、盐、清卤汁、葱、姜、八角、香醋各适量

做法
1 花椒、五香粉、盐炒热后擦遍鸭身，腌1.5小时，再放入清卤汁内浸渍2小时取出。
2 锅中加清水，放鸭子，鸭腿朝上，大火烧沸，放其余调料，焖烧20分钟后，提起鸭腿，将鸭腹中汤汁沥出，再放入汤中，使鸭腹中灌满汤汁，反复三四次，再焖约20分钟取出，沥去汤汁，冷却改刀即可。

盐水鸭

Tips
炒调料时炒到花椒发出香味、盐变色即可。

原料 鸡腿300克，青椒1个，红椒1个，芽菜适量

调料 盐、料酒、淀粉、胡椒粉、葱段、姜末、郫县豆瓣、花椒粉、色拉油各适量

做法 1 鸡腿去骨取肉，切成小粒，加盐、料酒、淀粉、胡椒粉抓匀腌渍30分钟。
2 锅加足量油，烧至七成热，鸡肉粒入锅滑油，至变色即捞出。
3 锅留底油，加入葱段、姜末、郫县豆瓣炒香，放入芽菜煸炒，再加入鸡肉粒翻炒，加盐、花椒粉、青椒粒、红椒粒炒匀即可。

Tips

袋装芽菜超市有售。

香辣鸡米芽菜

原料 腊八豆200克，鸡杂（鸡肫、鸡心、鸡肠、鸡肝）300克，青小米椒、红小米椒各1个

调料 姜片、蒜片、料酒、盐、生抽、醋、香菜、色拉油各适量

做法 1 鸡杂洗净，鸡肫切2半，划交叉刀纹；鸡心、鸡肝切片；鸡肠切段。
2 锅放油烧热，加姜片、蒜片炝锅，下鸡杂翻炒，烹入料酒，加盐、生抽、醋，再加入腊八豆、青小米椒、红小米椒爆炒至鸡杂熟，点缀香菜即可。

Tips

1 腊八豆是湖南特产，加盐等调味品腌渍而成，传统上每年腊八开始制作，故称腊八豆。
2 腊八豆本身有咸味，所以这道菜盐要少放。

腊八豆炒鸡杂

鸡鸭鹅——小炒

重庆辣子鸡

原料 净光仔鸡1只（400克）

调料 酱油、盐、味精、料酒、干红辣椒、花椒、色拉油各适量

做法 1 仔鸡剁成小块，加酱油、盐、味精、料酒腌渍半小时。

2 油锅烧至七成热，投入鸡块，炸成金黄色，捞出沥油。

3 锅留底油，放干红辣椒、花椒，急火翻炒，煸出香味，加入鸡块爆炒均匀即可。

 Tips

1 辣椒和花椒要把鸡块基本盖住，味才充足。

2 腌渍时盐要加足。

3 油一定要七成热时方可炸鸡块。

果仁仔鸡

原料 小仔鸡1只，熟去皮花生仁、药芹段各50克

调料 盐、干辣椒粉各2克，味精、椒盐各1克，料酒15克，干辣椒10只，葱、姜、蒜片各20克，色拉油800克

做法 1 鸡治净，剁块，用盐、味精、料酒腌渍，入六成热油锅炸至金黄色，捞出。

2 锅留底油，加入葱、姜、蒜片略煸后，加干辣椒、鸡块、花生仁、药芹段煸炒，再加入干辣椒粉，最后撒椒盐拌匀即成。

 Tips

药芹就是香芹，是本土的茎较细的芹菜。

原料 鸡翅400克，青椒片、辣椒段各50克

 调料 料酒、盐、胡椒粉、白糖、鸡粉、酱油、香醋、水淀粉、色拉油、蒜片、豆瓣酱、葱段、姜片、香油各适量

 做法 1 将鸡翅用料酒、少许盐和胡椒粉抓匀，腌渍10分钟。

2 用料酒、白糖、鸡粉、酱油、香醋和水淀粉勾成调味汁，备用。

3 炒锅置火上烧热，下适量油，入鸡翅炸熟，倒入漏勺沥干油待用。

4 炒锅再上火，下油，炒香蒜片后放入豆瓣酱，爆香葱段、姜片，投入鸡翅、青椒片、辣椒段，倒入勾好的调味汁，炒匀后淋上少许香油，出锅即可。

Tips

鸡翅腌渍前用刀划几下易入味。

辣炒鸡翅

 原料 鸡腿500克

 调料 盐、料酒、姜、蒜、干辣椒、花椒、葱段、味精、糖、熟芝麻、色拉油各适量

 做法 1 鸡腿切成小块，放盐和料酒拌匀，入八成热的油锅中炸至外表变干成深黄色，捞出沥油；干辣椒和葱切成3厘米长的段，姜、蒜切片。

2 油锅烧至七成热，放入姜、蒜炒出香味，倒入干辣椒和花椒，翻炒至气味开始炝鼻、油变黄，倒入鸡块炒至鸡块均匀地分布在辣椒中，加入葱段、味精、糖、熟芝麻，炒匀即可。

Tips

鸡块大小要均匀才能同步烹熟。

麻辣鸡

银钩鸡丝

原料 鸡脯肉、绿豆芽、青椒丝、红椒丝各适量

调料 盐、鸡蛋清、淀粉、味精、香油、色拉油各适量

做法
1 鸡脯批成薄片，切丝，加盐、蛋清、淀粉上浆；绿豆芽去头尾。
2 油锅烧热，鸡丝入油锅滑熟。
3 锅留底油，放入鸡丝与豆芽、青椒丝、红椒丝同炒，加盐、味精调味，起锅淋香油即可。

Tips 绿豆芽具清热解毒、利尿除湿的作用。

原料 鸡脯肉180克，笋丁10克，莴笋丁10克，水发香菇丁5克

调料 盐、味精、水淀粉、鸡蛋清、姜末、葱花、蒜泥、酱油、白糖、醋、色拉油各适量

做法
1 鸡脯肉斩成蓉，用盐、鸡蛋清、水淀粉搅拌上劲。
2 油烧至五成热，将鸡蓉挤成小丸放入锅中，炸至金黄色，捞出。
3 炒锅留底油，投入笋丁、香菇丁、莴笋丁、姜末、葱花、蒜泥略煸，加入酱油、白糖、醋、味精，勾芡，倒入鸡丸，炒匀装盘即可。

熘鸡丸

Tips 鸡肉也可加些姜末一起做丸子，可去腥味。

爆肫花

原料 鸭肫5只，尖椒100克，冬笋1块

调料 蒜、黄酒、盐、味精、酱油、沙茶酱、水淀粉、色拉油各适量

做法
1 鸭肫去皮，修成块状，在其一面剞上十字花刀；尖椒切成块，笋切片。
2 锅置火上，放入油烧至五成热，放入肫块炸透盛出；尖椒、笋片用油焐熟，待用。
3 炒锅留底油，放蒜炸香，加黄酒、盐、味精、酱油、沙茶酱调味，勾芡，倒入鸭肫块、尖椒、笋片，翻炒装盘即可。

Tips 鸭肫切花刀要深浅一致。

原料 鸡脯肉250克，干红椒3个，花椒10粒

调料 盐、味精、水淀粉、鸡蛋清、姜末、葱花、酱油、白糖、辣油、色拉油各适量

做法
1 鸡脯肉切成丝，加盐、水淀粉、鸡蛋清上浆；干红椒切成段。
2 锅置火上，放入油烧至四成热，放入鸡丝滑油，待用。
3 锅内留底油，投入花椒、干红椒、姜末、葱花略煸，加盐、味精、酱油、白糖调味，勾芡，倒入鸡丝翻炒匀，淋辣油，装盘即可。

Tips
喜欢麻的口感的话也可加入麻椒。

麻辣鸡丝

鱼香鸡丝

原料 鸡脯肉250克，红椒1个，水发木耳10克，熟笋50克

调料 盐、味精、水淀粉、鸡蛋清、豆瓣酱、姜末、葱花、蒜泥、酱油、白糖、醋、辣油、色拉油各适量

做法
1 鸡脯肉切成丝，加盐、水淀粉、鸡蛋清上浆；红椒、熟笋、水发木耳切成丝。
2 锅置火上，放入油烧至四成热，放入鸡丝，滑开至鸡丝变乳白色时，倒入漏勺沥去油。
3 炒锅留底油，投入豆瓣酱、红椒丝、木耳丝、笋丝、姜末、葱花、蒜泥略煸，加入酱油、白糖、醋、盐、味精，勾芡，倒入鸡丝，翻炒均匀，淋辣油，装盘即可。

原料 白辣椒2个，野山椒2个，青小米椒、红小米椒各1个，鸡胗6只

调料 干辣椒、葱段、姜片、料酒、盐、生抽、胡椒粉、味精、色拉油各适量

做法
1 把原料中的4种辣椒均切成小段。
2 鸡胗处理干净切厚片，加料酒、盐、生抽、胡椒粉腌渍20分钟。
3 锅加油烧热，爆香干辣椒、葱段、姜片、白辣椒、青小米椒、红小米椒，放入鸡胗爆炒，加入野山椒和泡野山椒的汁，加盐、味精调味，翻炒2分钟即可。

Tips
罐装野山椒超市有售。

酸辣白椒炒鸡胗

鸡鸭鹅——小炒

麻辣鸡串

原料 鸡脯肉400克，竹扦少许

调料 水淀粉20克，蛋清1个，盐2克，葱花10克，姜末5克，蒜片8克，干辣椒10克，花椒5克，味精3克，香油8克，色拉油适量

做法
1 鸡脯肉切成大片，加水淀粉、蛋清、盐上浆，并用竹扦穿起来。
2 锅中加油烧至五成热，将鸡串炸好。
3 锅留少许油，用葱姜蒜炝锅，放干辣椒、花椒煸香，放鸡串翻匀，加盐、味精，炒匀淋香油即可。

原料 仔鸡500克，芝麻20克

调料 葱段10克，姜片6克，料酒10克，盐2克，美极鲜味汁5克，糖3克，干辣椒20克，花椒10克，色拉油适量

做法
1 仔鸡剁块，放5克葱、3克姜、料酒、盐、美极鲜味汁、糖拌匀腌30分钟。
2 锅加油烧至七八成热，下入腌好的鸡肉，用中火炸至鸡肉表面焦干泛红捞出。
3 锅留底油，放葱姜煸香，放辣椒、花椒炝出香味，加鸡块炒匀，撒芝麻即可。

香辣仔鸡

泡椒鸡杂

原料 鸡杂（鸡肫、鸡心、鸡肝、鸡肠）400克

调料 葱段、姜片、料酒、盐、高汤、蒜蓉、泡椒、色拉油各适量

做法
1 鸡肫、鸡心、鸡肝均切片，鸡肠切段，加料酒、盐腌渍15分钟。泡椒剁碎。
2 锅加油烧热，放入葱段、姜片爆香，放入鸡杂爆炒，烹入料酒、盐、少许高汤，小火炖5分钟，加入蒜蓉、泡椒碎翻炒1分钟即可。

原料 鸡翅6只，青椒2个，红椒1个

调料 盐3克，葱片5克，姜片8克，豆豉10克，豆瓣酱10克，料酒15克，糖10克，老抽15克，色拉油适量

做法
1 鸡翅从中间切两半，加入适量的水和盐、葱、4克姜煮10分钟捞出，青红椒洗净各切成小块。
2 锅加油烧热，放豆豉、豆瓣酱、4克姜片炒香，放鸡翅炒匀，烹入料酒，加糖、老抽翻炒至鸡翅入味，加青红椒炒熟即可。

回锅鸡翅

原料 鸡脆骨300克，荷兰豆50克，干辣椒50克

调料 盐、味精、玉米淀粉、香油、色拉油各适量

做法
1 鸡脆骨洗净切块，入油锅炸熟。
2 荷兰豆切菱形块，干辣椒切粒。
3 锅放油烧热，炒香干辣椒，放入荷兰豆、鸡脆骨，加入盐、味精翻炒，再用水淀粉勾芡，淋香油即可。

荷兰豆椒香鸡脆骨

原料 鸡脯肉150克，豌豆100克

调料 料酒、淀粉、葱末、姜末、鸡精、盐、色拉油各适量

做法
1 鸡脯肉洗净，切成1厘米见方的小丁，用料酒和淀粉抓匀。
2 锅加油烧热，放入鸡丁快速翻炒至肉变白色，捞出。
3 另起锅放少许油，烧至六成热时下入葱姜末爆香，然后倒入豌豆、鸡丁翻炒，加入料酒、鸡精、盐调味即可。

鸡丁豌豆

原料 鸡块300克，香菇、冬笋各50克

调料 盐、料酒、干淀粉、葱花、姜末、蒜泥、番茄酱、糖、水淀粉、白醋、香油、色拉油各适量

做法
1 鸡块用盐、料酒腌渍约半小时，拍上干淀粉，炸至金黄；香菇、冬笋切块，焯水。
2 锅留少许底油，放入葱花、姜末、蒜泥爆出香味后，添加料酒、番茄酱、糖及适量清水煮开，用水淀粉勾芡，将炸好的鸡块、香菇、冬笋放进锅里，烹入白醋，起锅装盘，淋上香油即可。

醋熘鸡

鸡鸭鹅——小炒

原料 鸡腿肉200克，油炸花生米50克

调料 盐、酱油、水淀粉、糖、醋、味精、料酒、高汤、干辣椒段、花椒、葱段、姜片、蒜片、色拉油各适量

做法
1 鸡腿肉拍松，改刀成1厘米见方的丁。
2 鸡丁用盐、酱油、水淀粉拌匀，前8种调料调成味汁。
3 油锅烧热，将干辣椒段炒至棕红色，再下花椒，随即放入鸡丁炒散，同时将葱段、姜片、蒜片放入快炒，加入调味汁翻炒，起锅前将花生米放入炒匀即可。

宫保鸡丁

泡椒姜爆鸡

原料 三黄鸡300克

调料 盐3克，料酒15克，胡椒粉3克，葱段10克，花椒10克，干辣椒10克，蒜片8克，泡椒15克，泡姜10克，豆瓣酱20克，鸡精5克，葱花10克，色拉油适量

做法
1 三黄鸡斩成块，加入盐、料酒、胡椒粉、葱腌30分钟以上；泡椒切小段；泡姜切片。
2 锅中放入油烧至七成热，将鸡块倒入炸8分钟左右，直到可以用筷子插入鸡块，捞出沥油。
3 锅中留适量油，放花椒、干辣椒、蒜、泡椒、泡姜炒出香味，加入豆瓣酱炒香，放鸡块炒匀，烹入料酒、鸡精调味，装盘撒葱花即可。

原料 光土鸡1只（约1000克），干辣椒50克，青椒片100克

调料 盐、芝麻、香油、花椒油、色拉油各适量

做法
1 将光土鸡洗净、切块后用盐腌制；将干辣椒切成段后，入油锅干煸，装盘待用。
2 将油入锅上火，烧至八成热，将鸡块入锅内炸酥，盛盘备用。
3 锅再置火上，放入油，将干辣椒段、青椒片翻炒，再把鸡块放入同煸1分钟，当鸡块变红时，加少许芝麻、香油、花椒油，即可装盘食用。

辣子鸡丁

怪味鸡丁

原料 鸡脯肉250克，青椒1个，泡椒1个

调料 盐、黄酒、水淀粉、鸡蛋清、姜末、葱花、蒜泥、豆瓣酱、花椒粉、醋、味精、白糖、色拉油各适量

做法
1 鸡脯肉切丁，加盐、水淀粉、鸡蛋清上浆。
2 锅置火上，放入油烧至四成热，将鸡丁滑油盛出；青椒切片用油焐熟，待用。
3 锅留底油，加入姜末、葱花、蒜泥、泡椒，烧沸后加黄酒、豆瓣酱、花椒粉、醋、味精、白糖，勾芡，倒入鸡丁、青椒炒匀即可。

原料 鸡脯肉250克，马蹄丁50克，青、红尖椒各少许

调料 盐、味精、黄酒、白糖、酱油、姜末、葱花、醋、鸡蛋清、水淀粉、色拉油各适量

做法
1 鸡脯肉切丁，加盐、鸡蛋清、水淀粉上浆。
2 锅置火上，放入油烧至四成热，倒入鸡丁滑油，待用。
3 油锅内留底油，放姜末、葱花略煸，加马蹄丁、黄酒，用盐、味精、白糖、酱油调味，烧沸后勾芡，倒入鸡丁、青尖椒、红尖椒，翻炒均匀，淋醋，装盘即可。

熘鸡丁

原料　鸡胸肉150克，茄子、山药、洋葱各50克

调料　料酒、淀粉、盐、葱、姜、番茄酱、酱油、白糖、鸡精、色拉油各适量

做法　1 鸡胸肉切成丁，加料酒、淀粉、盐腌制。
2 油锅烧热，入茄丁、山药丁滑油；洋葱入锅煸炒后备用。
3 锅中入底油烧热，下入鸡丁煸炒至变色，再放入葱末、姜末，加2勺料酒。
4 倒入番茄酱翻炒均匀，加1勺酱油调色。
5 放入茄丁，调入白糖，继续煸炒，再依次下入山药丁、洋葱。
6 调入鸡精和盐，翻炒均匀即可出锅。

四味鸡丁

傣味仔鸡

原料　仔鸡1只，番茄2个，小红辣椒200克

调料　盐、香醋、白胡椒粉、姜末、蒜末、香菜、酱油、葱末、鸡精各适量

做法　1 仔鸡剁成块，用盐、香醋、白胡椒粉腌制。
2 番茄与红辣椒一起入微波炉以180℃烤制30分钟。
3 捣碎番茄和红辣椒，加入姜末、蒜末、盐、香菜制成喃蜜酱。
4 炒锅内入油烧热，下入仔鸡，加入酱油、葱末、喃蜜酱炒熟。
5 临出锅时放入鸡精、香菜即可。

傣味以酸见长，别具特色。

原料　仔鸡500克，干辣椒100克，花椒10克

调料　盐2克，料酒10克，葱花10克，姜片5克，蒜片10克，味精3克，糖2克，色拉油适量

做法　1 仔鸡处理后切块，用盐、料酒腌制20分钟。
2 锅内加油烧五成热，下腌好的鸡块炸金黄色，捞出沥油。
3 锅留底油烧热，下葱、姜、蒜、干辣椒、花椒、鸡块炒入味，加盐、味精、糖炒熟即可。

炸鸡块时油温不要太高，一定要炸至外酥里嫩。

辣子鸡

鸡鸭鹅——小炒

炒鸭肠

原料 鸭肠200克，青椒片50克，红椒片25克

调料 盐、味精、黄酒、酱油、白糖、醋、嫩肉粉、水淀粉、色拉油各适量

做法 1 鸭肠洗净切段，用盐、嫩肉粉、水淀粉拌匀，静置15分钟。
2 锅放油烧至四成热，放入鸭肠滑油，盛出；青椒片、红椒片用油焐熟。
3 锅内留底油，投入青椒片、红椒片略煸，加黄酒烧开，用盐、味精、酱油、白糖、醋调味，勾芡，倒入鸭肠，翻炒均匀即可。

原料 烤鸭肉300克，大葱2根

调料 甜面酱、味精、料酒、糖、色拉油各适量

做法 1 烤鸭肉切成丝；大葱洗净，切成丝。
2 锅放油烧热，将烤鸭丝滑油，盛出。
3 锅留底油，加甜面酱、水炒匀，加味精、料酒、糖调匀，放入烤鸭丝和大葱丝，翻炒均匀即可。

Tips

葱要挑葱白硬实的。

京葱烤鸭丝

姜爆鸭丝

原料 熟熏鸭半只，嫩姜30克，青、红椒各20克

调料 酱油、糖、料酒、味精、水淀粉、色拉油各适量

做法 1 熟熏鸭去骨切成粗丝；嫩姜去皮切细丝；青、红椒去子切粗丝。
2 酱油、糖、料酒、味精、水淀粉调匀成味汁。
3 油锅烧热，姜丝、辣椒丝下锅煸炒，然后再放入鸭丝，炒出香味后，加调匀的味汁翻炒几下即可。

Tips

嫩姜又叫子姜，味道没有老姜辛辣。

原料 烤鸭肉200克，招菜（招去头、尾的豆芽菜）250克，青椒丝、红椒丝各少许

调料 盐3克，料酒8克，姜汁6克，味精1克，醋2克，葱丝3克，香油、花椒、色拉油各适量

做法 1 烤鸭肉切成长5厘米、粗0.3厘米的丝。
2 油锅烧热，放入花椒炸香捞出，放入葱丝、招菜、鸭丝、青椒丝、红椒丝翻炒，放料酒、姜汁，待快熟时加入盐、味精继续翻炒，成熟后加入醋、香油即可。

炒鸭丝招菜

原料 鸭腿2只，泡椒3个，腰果50克

调料 葱段、清汤、酱油、盐、味精、水淀粉、黄酒、色拉油各适量

做法 1 鸭腿肉切成丁，加盐、水淀粉上浆。
2 锅置火上，放入油烧至四成热，下鸭丁滑熟，盛出；腰果焐油，待用。
3 炒锅留底油，下泡椒段，加黄酒、清汤，用酱油、盐、味精调味，勾芡，倒入鸭丁、腰果、葱段，翻锅装盘即可。

Tips

腰果也可烤一下再炒，更香酥。

腰果鸭丁

原料 鸭肠200克，青蒜段2棵，红尖椒1个

调料 料酒、葱末、姜末、葱段、姜片、蒜片、盐、味精、色拉油各适量

做法 1 鸭肠洗净，切成段，加料酒、葱末、姜末腌渍10分钟，控去水分。
2 锅加油烧热，放入葱段、姜片、蒜片、红尖椒爆香，放入鸭肠、青蒜段炒香，加料酒、盐、味精即可。

小炒鸭肠

原料 熟鸭肉300克，野山椒水10克，野山椒50克，红椒1个，黄花菜少许

调料 盐、味精、白糖、姜、蒜、葱段、水淀粉、色拉油各适量

做法 1 野山椒去蒂；熟鸭肉切丝；红椒切丝；黄花菜泡发，烫熟。
2 锅放油烧至三成热，将鸭丝、红椒丝过油。
3 锅留底油，炒香姜、蒜，下所有原料炒匀，加盐、味精、白糖，勾芡，撒葱段即成。

Tips

鲜黄花菜一定要用开水焯过，再用凉水泡2小时，方可去除毒素。

野山椒炒鸭丝

原料 鸭肝200克，西芹片75克，泡椒1个

调料 盐、味精、黄酒、酱油、白糖、醋、水淀粉、色拉油各适量

做法 1 鸭肝批成片，加盐、水淀粉上浆。
2 锅置火上，放入油烧至四成热，将鸭肝片滑油，盛出；西芹片用油焐熟，待用。
3 锅内留底油，放泡椒略煸，加黄酒烧开，用盐、味精、酱油、白糖、醋调味，勾芡，倒入鸭肝片及西芹片，翻炒均匀，装盘即可。

西芹炒鸭肝

Tips

鸭肝先用淡糖水泡一会可去腥。

鸡鸭鹅——小炒

炒鸭心片

原料 鸭心200克，白果75克，红椒片5克，莴笋片15克

调料 盐、味精、黄酒、酱油、白糖、醋、水淀粉、色拉油各适量

做法 1 鸭心批成片，加盐、水淀粉上浆。
2 锅置火上，放入油至四成热，放入鸭心片滑油，盛出；白果、红椒片、莴笋片用油焐熟，待用。
3 锅内留底油，加黄酒烧开，加盐、味精、酱油、白糖、醋调味，勾芡，倒入所有原料，翻炒均匀即可装盘。

Tips

白果性凉，孕妇和儿童每天吃不宜超过3颗。

原料 鹅脯200克，韭黄、泡椒各适量

调料 盐、味精、黄酒、蛋清、水淀粉、色拉油各适量

做法 1 鹅脯切成丝，加盐、蛋清、水淀粉上浆；韭黄切成段，泡椒切成丝。
2 锅置火上，放入油烧至四成热，下鹅丝滑油，盛出；韭黄用油焐熟，待用。
3 锅内留底油，加泡椒、黄酒，用盐、味精调味，勾芡，倒入鹅丝、韭黄段炒匀即可。

Tips

鹅肉营养丰富，民间有"喝鹅汤，吃鹅肉，一年四季不咳嗽"之谚语。

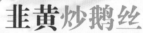

韭黄炒鹅丝

青蒜炒鹅肠

原料 熟鹅肠200克，青蒜50克

调料 盐、味精、料酒、胡椒粉、水淀粉、色拉油各适量

做法 1 熟鹅肠切成段；青蒜洗净切成段。
2 锅中加油烧热，煸炒青蒜段和鹅肠段，加盐、味精、料酒、胡椒粉调味，用水淀粉勾芡，炒匀即可。

Tips

鹅肠具益气补虚、行气解毒的功效。

原料 鹅肠300克，泡姜、泡椒、香菜各适量，香芹1棵

调料 盐、淀粉、花椒、豆豉、料酒、味精、糖、生抽、色拉油各适量

做法
1 鹅肠加盐、淀粉反复搓洗，冲净，切段，入沸水中过水迅速捞出，入冷水中。
2 泡姜、泡椒切末。香芹切段。香菜切碎。
3 锅加油烧热，放入花椒、泡姜末、泡椒末、豆豉煸炒，加入鹅肠、香芹略翻炒，倒入料酒，加盐、味精、糖、生抽调味，加入香菜碎即可。

Tips
鹅脯不可切得太小，以免散碎。

泡椒鹅肠

酱爆鹅丁

原料 鹅脯肉250克，胡萝卜丁10克，莴笋丁10克

调料 甜面酱、姜片、盐、味精、水淀粉、黄酒、色拉油各适量

做法
1 鹅脯肉切丁，加盐、水淀粉上浆，滑油，盛出；胡萝卜丁、莴笋丁用油焐熟，待用。
2 锅内留底油，下姜片，加甜面酱、黄酒烧开，加盐、味精调味，勾芡，倒入原料，炒匀装盘即可。

Tips
勾芡后鹅丁会粘到一起，要炒散开。

原料 鹅肉400克，红葱头40克，小米椒10克

调料 料酒20克，姜5片，辣椒酱30克，美极鲜酱油10克，盐4克，鸡精5克，红油50克，色拉油适量

做法
1 鹅肉切成小块，红葱头对切，小米椒切成圈。
2 鹅肉块入冷水锅烧沸，入料酒，煮至血沫浮起，捞出。
3 锅中加底油烧热，放入姜片、辣椒酱爆香，放鹅肉块、红葱头、小米椒翻炒10分钟出香味后，烹入美极鲜酱油上色，加盐、鸡精调味，淋红油，倒入干锅中即可。

干锅辣鹅

Tips
1 不要选太老的鹅肉，此菜重在旺火急炒，太老的鹅肉不易熟。
2 一定要放料酒，可以去腥味。

鸡鸭鹅——小炒

鸡豆花

原料 鸡脯肉125克，鲜菜心5棵，熟火腿末5克，鸡蛋清4个

调料 水淀粉、胡椒粉、盐、清汤、味精各适量

做法
1 鸡脯肉去筋，斩成细蓉，盛入碗内，用50克清水搅散，再加入鸡蛋清、水淀粉、胡椒粉、盐2克，搅成鸡浆。
2 炒锅置火上，放入1300克清汤加盐烧沸，再将鸡浆加冷清汤调稀搅匀倒入锅，轻轻推动几下，烧至微沸，转小火煮10分钟，待鸡浆凝成雪花状时，先在大汤碗内放入焯熟的菜心，再将鸡豆花舀在其上。清汤加味精倒入碗内，最后撒火腿末即可。

鸡翅鲜虾煲

原料 冬笋50克，香菇50克，鸡翅根200克，鲜虾150克

调料 姜片、葱段、盐、泡姜、泡椒、郫县豆瓣酱、豆豉、花椒、小茴香、奶油、白糖、鸡精、胡椒粉各适量

做法
1 将冬笋、香菇放入加有清水的砂锅内，加入姜片、葱段，用少许盐调味。
2 将焯好的鸡翅根与鲜虾放入砂锅中，放入泡姜、泡椒末，大火烧开，小火炖制。
3 油锅烧热，放入郫县豆瓣酱、豆豉、花椒、小茴香、奶油、3勺白糖，然后放入姜片、葱段以及泡姜末，炒出红油，成调料汁。
4 砂锅内加鸡精、胡椒粉调味，浇入熬好的调料汁即可。

原料 鸡翅600克

调料 色拉油、姜片、葱段、干辣椒、花椒、八角、白糖、料酒、酱油各适量

做法
1 鸡翅入沸水锅焯水后控水。炒锅置火上，放少许油，投入姜片、葱段、干辣椒、花椒、八角，爆香成味料。

2 另起油锅放入50克白糖，炒到融化起泡且泡沫消退、白糖变成金黄色时，放入洗干净的鸡翅，中火翻炒，直到每块鸡翅变成漂亮的金黄色。

3 向锅中加热水，水量要淹过鸡翅，加入料酒、味料和酱油，用中火把鸡翅炖烂，汤汁变少时改大火收浓汤汁，起锅装入盘中。

Tips
炒糖色时一定要不停搅拌，以免粘锅。

红烧鸡翅

糖醋鸡圆

 原料 鸡脯肉200克，鲜虾仁50克，鸡蛋2个

调料 盐、胡椒粉、水淀粉、葱花、姜末、蒜末、酱油、醋、糖、鲜汤、色拉油各适量

做法
1 鸡脯肉剁细成蓉，加入鸡蛋液、盐、胡椒粉、水淀粉搅打，再加入剁细的鲜虾仁颗粒，搅匀成鸡肉馅。

2 油锅烧至六成热，用手将鸡肉馅挤成鸡圆，下锅炸定型后，捞出沥油。待油温升至七成热，将鸡圆回锅炸酥炸黄，捞出装入盘内。

3 锅留底油，下葱花、姜末、蒜末爆香，淋入用酱油、醋、糖、盐、鲜汤、水淀粉调成的芡汁，收浓后淋在鸡圆上即可。

Tips
此菜很鲜，不需再加味精。

 原料 鸡架、宽粉、豆面各适量

调料 葱、姜、花椒、大料、胡椒粉、盐、酱油、鸡精、水淀粉、蒜末、香菜、辣椒油各适量

做法
1 鸡架去油入锅，加入葱、姜、花椒、大料熬成高汤。

2 将泡软的宽粉入热水中煮至软烂。

3 捞出宽粉剁碎，与豆面以3∶1的比例混合，加水、胡椒粉和盐。

4 混合均匀后，捏成小丸子入锅炸成金黄色捞出。

5 高汤中下入丸子，加酱油、鸡精、盐调味，用水淀粉勾芡。

6 出锅前放入蒜末和香菜，点几滴辣椒油即可食用。

Tips
鸡架若不焯水，煮开后要撇去浮沫。

豆面丸子

鸡鸭鹅——蒸炖烧

锅塌三鲜

原料 鸡肉、酱牛肉、鲜虾、青椒片、红椒片、鸡蛋、豌豆各适量

调料 盐、干淀粉、料酒、葱、姜、蒜、酱油、鸡精、八角、生抽、水淀粉、色拉油各适量

做法
1 鸡肉切块，加入盐、干淀粉、料酒腌制。
2 酱牛肉入油锅炸至焦软。
3 锅中煸香葱、姜、蒜后下鸡块，炒至变色后放入酱牛肉、鲜虾、青椒片、红椒片，加酱油、盐、鸡精调味。
4 取4个鸡蛋打散，加料酒和少量盐调匀。
5 小火煎蛋，并将炒好的鸡块、鲜虾下入锅中，翻面后出锅。
6 再起锅下入八角煸香，加豌豆、生抽、盐、鸡精、少许水烧开，以水淀粉勾芡，浇在鸡蛋饼上即可。

麻油鸡

原料 鸡腿2只（约500克），葱丝少许

调料 盐5克，黄酒100克，姜汁12克，香油150克，五香粉3克，味精3克

做法
1 鸡腿治净，用竹扦扎若干小孔，将盐、黄酒、姜汁、五香粉、味精、香油调匀成味汁，放入鸡腿淹渍2小时。
2 鸡腿连浸泡汁入笼蒸约45分钟，离火后再闷10分钟，取出切成大块。皮朝上摆在盘中，淋上浸泡汁，用葱丝点缀即成。

Tips 此菜为坐月子必备滋补品。

原料 鸡翅中500克，红辣椒10克

调料 老抽、糖、鸡精、蚝油、郫县豆瓣酱、葱段、蒜片、姜片、盐、色拉油各适量

做法 1 鸡翅中用水泡2小时去血水后洗净，用开水焯一下，冲净。

2 老抽、糖、鸡精、蚝油拌匀，将鸡翅中放入腌渍1小时，其间多次搅拌使之入味。

3 锅中加半锅油烧热，下鸡翅中炸至外皮金黄，捞出沥油。

4 锅留底油，下入郫县豆瓣酱炒出红油，下入红辣椒、葱姜蒜炒匀，下入鸡翅，加少量水、盐烧15分钟，待汁变浓稠后即可。

Tips
郫县豆瓣味辣、色红、香酥，被誉为"川菜的灵魂"。

干锅鸡翅

酒焖鸡翅

原料 鸡翅300克

调料 盐、味精、料酒、葱、姜、葡萄酒、酱油、红曲、白糖、八角、花椒、色拉油各适量

做法 1 鸡翅洗净，用盐、味精、料酒、葱、姜腌渍，入160℃油锅中炸至金黄色。

2 锅中加水和余下调料，烧开后放入鸡翅，焖至入味即可。

Tips

1 鸡翅先划几刀，易腌渍入味。
2 水要没过鸡翅。

原料 鸡翅块250克，自发粉250克，番茄2个，胡萝卜1根，尖椒2个

调料 干辣椒、盐、酱油、料酒、白糖各适量

做法 1 自发粉用30～40℃的温水和成比烙饼面稍硬些的面团，饧10～15分钟备用。

2 油锅烧热，下干辣椒炒至变色出香味后放入鸡翅块，加盐、酱油、料酒、白糖。

3 放入番茄、胡萝卜丁，加温水焖10分钟入味后下入尖椒。

4 饧好的面不放油，放入饼铛中制成圆饼，待一面烙至金黄，将鸡翅中铺在饼上即可。

Tips
自发粉是已经加了发酵粉的面粉。

馕包鸡翅

鸡鸭鹅——蒸炖烧

三杯鸡

原料 净仔鸡1只（约1800克），洋葱段10克，蒜2瓣，红椒片适量

调料 酱油1杯，猪油1杯，米酒1杯，清汤、香油各适量

做法
1 鸡治净，剁块，用清水冲洗干净。
2 将鸡放入砂锅内，加入其余原料和所有调料（香油除外），用微火炖沸，约15分钟后翻动一次，再炖50分钟至烂，淋入香油，盛盘即可。

Tips
1 此菜不用加盐。
2 要用米酒，超市有售。

原料 鸡块500克，番茄2个，洋葱、胡萝卜、芹菜各50克

调料 红酒、白糖、生抽、姜片、番茄酱各适量

做法
1 将焯过水的鸡块趁热加入红酒、白糖、生抽、姜片腌制30分钟。
2 将鸡块入油锅炸至表面成焦黄色捞出。
3 另起锅，将番茄碎煸香，加入白糖、番茄酱、洋葱，炒香后下入胡萝卜丁和芹菜丁，翻炒均匀后下入鸡块，最后倒入腌制鸡块的调料，盖上锅盖小火炖制90分钟即可。

Tips
鸡块入油锅前要将调料抖掉，水分吸干。

红酒鸡

酱汁凤翅

原料 鸡翅中500克

调料 花椒、八角、香叶、盐、番茄酱、酱油、白糖、黑胡椒碎、色拉油各适量

做法
1 鸡翅中洗净后放入冷水锅中，加花椒、八角、香叶、盐，煮熟后捞出。
2 用番茄酱、酱油、白糖调成酱汁。
3 锅中放底油烧至八九成热时下入鸡翅中，炒至外皮焦黄。
4 倒入酱汁翻炒均匀，撒入黑胡椒碎，继续翻炒一会儿即可。

Tips
黑胡椒碎是此菜的亮点，香气浓郁。

原料 肉鸡或三黄鸡1只

调料 盐、葱、姜、花椒、八角、桂皮、香叶、酱油、白糖、料酒、水淀粉各适量

做法
1 将鸡收拾干净，切去鸡爪，将鸡腿骨敲断。
2 高压锅内放入清水、盐、葱、姜、花椒、八角、桂皮、香叶、鸡，开锅上汽后煮10分钟，关火放凉备用。
3 找一只比鸡大的盆或碗，把鸡背向下放在容器里。再加入酱油、白糖、料酒及做法2中的辅料、少量鸡汤，放入蒸锅大火蒸20分钟。
4 取出蒸好的鸡，将鸡汤倒入锅中，把盆里的辅料渣挑出，鸡倒扣入盘中。
5 锅中的鸡汤加入水淀粉勾芡，浇在鸡身上即可。

徐氏蒸鸡

粉蒸鸡

原料 仔鸡500克，米粉100克

调料 葱、姜、蒜、豆瓣酱、甜面酱各适量

做法
1 将仔鸡切块，用葱、姜、蒜腌制5分钟。
2 撒上米粉，将鸡块包裹均匀，加入豆瓣酱和甜面酱抓匀后腌制4~8小时。
3 上笼蒸20~25分钟即可。

Tips
米粉是把米炒熟再碾成的粉，超市有售。

原料 三黄鸡500克，冬笋50克，青椒50克

调料 干辣椒、米醋、香油、八角、葱段、姜片、蒜片、料酒、盐、高汤、味精各适量

做法
1 将三黄鸡剁成比核桃略大的块，在正面剞上斜刀纹。
2 冬笋片成大斜片；青椒切大斜块；干辣椒切斜段，去子，用米醋泡上。
3 香油烧热，投入八角、葱段、姜片、蒜片炸出香味。
4 放入鸡块煸炒至无血水，倒入泡好的米醋辣椒，盖上锅盖稍焖。加入料酒、盐、高汤，用微火炖透。
5 改大火，放入冬笋、青椒、味精收汁，淋入香油即成。

Tips
冬笋是冬季生长未露出地面的毛竹笋。

醋焖鸡

鸡鸭鹅——蒸炖烧

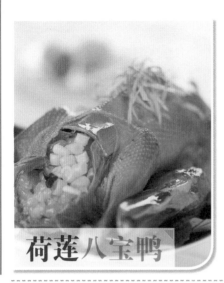

荷莲八宝鸭

原料 净老鸭1只，猪瘦肉丁60克，水发香菇丁60克，水发莲子丁60克，水发薏米60克，熟鸭肫肝（切丁）1副，虾仁30克，水发木耳（切末）30克，玉米30克，荷叶1张

调料 盐、黄酒、白糖、陈皮、清汤、熟猪油各适量

做法 1 熟猪油烧至七成热，依次放入莲子、薏米、香菇、玉米、肫丁、肝丁、虾仁、瘦肉、木耳炒匀，加黄酒、盐、白糖，炒入味后，装入鸭腹内，用线缝合。

2 荷叶烫软，裹住鸭身，用线扎起，放砂锅内，加清汤、陈皮、黄酒，旺火烧开，撇去浮沫，改用小火炖约3小时，用盐调味，盛入碗中，荷叶垫在碗底即成。

Tips 八宝象征五谷丰登，适合做年夜饭。

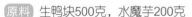

原料 生鸭块500克，水魔芋200克

调料 花椒、郫县豆瓣酱、肉汤、葱段、姜片、蒜片、绍酒、盐、酱油、味精、猪油、色拉油各适量

做法 1 将生鸭块入沸水锅中焯水，捞出洗净；水魔芋切成块，放沸水锅汆两次，去掉石灰味，再入温水中漂净。

2 锅中加猪油烧至七成热，放入鸭块煸炒至浅黄色起锅；再将锅洗净置火上，用少许色拉油爆香花椒和豆瓣酱，放入鸭块、魔芋，加入肉汤、葱段、姜片、蒜片、绍酒、盐、酱油烧至汁浓鸭软、魔芋入味时，加入味精调味即可。

Tips 魔芋又名蒟蒻，是减肥者的食疗佳品。

魔芋烧鸭

啤酒鸭

原料 鲜鸭肉块500克，啤酒1瓶

调料 葱段、姜块、蒜头、八角、桂皮、丁香、酱油、盐、白糖、高汤、色拉油、水淀粉各适量

做法 1 鸭肉块洗净，入沸水锅中焯水，再捞出洗净，控干水分；姜块切成片，蒜头用刀拍碎。

2 将锅置火上放入油，先将鸭块炒出油来，然后加入葱段、姜块、八角、桂皮、丁香、蒜头，炒出香味，这时加入啤酒和高汤，待烧开，再加入盐、白糖、酱油调味，改成小火，焖半小时，稍微勾芡即可。

Tips 啤酒可以起到去腥增鲜的作用。

原料 去尾田螺、鸡块各200克，红椒片、青椒片各50克

调料 葱段、姜块、料酒、酱油、糖、盐、味精、色拉油各适量

做法
1 田螺洗净。
2 油锅烧热，放入葱、姜略炸，加入田螺、鸡块煸炒，加料酒、酱油、糖、清水，大火烧沸，改小火焖透，加盐调味，再用大火收稠汤汁，加入红椒片、青椒片、味精略烧即可。

Tips
田螺先用水养2天，以吐净泥沙，这样吃起来不会硌牙。

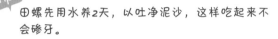
飘香田螺鸡

香酥焖鸭

原料 光鸭1只

调料 盐、椒盐、黄酒、八角、葱、姜、蒜泥各适量

做法
1 光鸭治净，用椒盐内外擦遍，腌3小时，沸水烫后晾干。
2 锅中加清水、八角烧沸，放入盐、姜、葱、黄酒、鸭烧沸，小火焖熟即可。
3 食时改刀成块，淋上原汁，蘸蒜泥食用即可。

Tips
鸭属凉性，平肝去火，适合初秋食之。

原料 鸭翅300克，口蘑250克

调料 姜2片，盐10克，白糖5克，鲍鱼汁5克，料酒5克，高汤40克，干淀粉15克，水淀粉、色拉油各适量

做法
1 鸭翅洗净，斩小块，用盐、干淀粉拌匀；口蘑去梗。
2 锅置火上，加油烧至七成热，将鸭块放入炸至金黄，捞起沥油。
3 锅内留底油烧热，爆香姜片，放入鸭翅、口蘑略炒，加入高汤焖10分钟，烹入料酒、白糖、鲍鱼汁调味炒匀，勾芡，待汤汁收浓装盘即可。

Tips
蘑菇具有提鲜作用，不需再加味精。

口蘑焖鸭翅

鸡鸭鹅——蒸炖烧

原料 风鹅400克，莴笋50克，竹笋50克

调料 盐、味精、料酒、葱、姜、胡椒粉各适量

做法
1 风鹅剁成块，用温水洗净并浸泡。
2 莴笋去皮，竹笋洗净，均切成滚刀块，焯水。
3 锅中放水，放入鹅块、莴笋块、竹笋块，烧至莴笋块酥烂，加上述所有调料调味即可。

Tips
风鹅是扬州特产，腊月时制作，腌渍后风干而成，口感筋道，风味别致。

双笋炖风鹅

原料 老鹅爪、翅各2只，香菜、芹菜叶各少许

调料 盐、葱段、姜片、黄酒、花椒、八角、五香粉各适量

做法
1 鹅爪、翅治净。
2 锅中倒入清水适量，放入各种调料（除黄酒外）烧制成卤水，再放入鹅爪、鹅翅、黄酒烧沸，去浮沫，焖至入味，装饰香菜、芹菜叶即可。

Tips
爱吃辣的话也可加入干辣椒。

盐水鹅爪翅

原料 风鹅肉400克，甜豆10克，虾仁10克，红椒粒10克，火腿粒10克，荷叶1张

调料 盐5克，料酒10克，老抽20克，味精3克，蜜糖、姜末、葱花、色拉油各适量

做法
1 风鹅肉加盐、料酒码味后沥干水分，抹匀老抽、蜜糖风干，炸至金黄。
2 锅内留底油，加姜末、葱花爆香，放甜豆、虾仁、火腿、红椒炒香，加盐、味精调味成料头。
3 荷叶垫入小笼内，摆上鹅肉，浇上炒好的料头，上笼蒸熟即可。

荷香风鹅笼

Tips
鹅肉具有养胃止渴、补气之效。

原料　肥嫩母鸡1只（约720克）

调料　三七3克，虫草3克，天麻3克，盐10克，味精3克，胡椒粉2克，姜3克，料酒5克

做法
1 将鸡宰杀，去毛、内脏，留肫、肝另用，头一剖为二，将鸡砍为10厘米见方的块。
2 将鸡块装入气锅，放上头、肫、肝，加盐、姜、料酒、三七、虫草、天麻，盖上盖，置于砂锅上，旺火蒸4～5小时，再放入胡椒粉、味精即可。

Tips
鸡选用刚下蛋的小母鸡最佳。

气锅鸡

太白鸡

原料　鸡腿500克，鲜蘑、熟笋片、火腿片各50克

调料　鸡汤750克，料酒100克，酱油、葱、姜各50克，胡椒粉、味精各10克，盐、冰糖各25克，色拉油适量

做法
1 鸡腿去骨洗净，切成块；鲜蘑用温水浸泡10分钟洗净，切成片。
2 油锅烧至七成热，放入鸡块，炸后沥油。
3 锅留底油，加入鸡汤、鸡块、料酒、酱油、盐、冰糖、味精，待汤汁收浓后将鸡块捞出。
4 将鸡块装入坛子内，加入鲜蘑、笋片、火腿片及鸡汤、葱、姜，并将坛口封住，转微火炖2小时，加入胡椒粉可。

原料　熟鸡块200克，山药50克

调料　黄酒、盐、味精、葱段、姜片、鲜汤各适量

做法
1 将山药去皮后入水锅煮熟，捞出用凉水浸泡，再切成滚刀块。
2 锅置火上，放入熟鸡块、山药块、黄酒、葱段、姜片、鲜汤烧沸，撇去浮沫，加盐、味精调味，起锅装碗即成。

Tips
山药尤其是铁棍山药，不仅有健脾养胃的功效，还能有效延缓衰老。

山药炖鸡汤

鸡鸭鹅——汤煲

滋补乌骨鸡

原料 光乌鸡1只（700克），当归20克，黄芪20克，沙参30克，大枣10粒，枸杞子20粒

调料 葱段、姜块、料酒、盐、味精各适量

做法 1 乌鸡剁成块，放入清水中浸泡，清洗捞出，入沸水锅中焯水后控干。

2 将当归、黄芪、沙参浸泡洗净，用纱布包成药料袋。大枣、枸杞子浸泡洗净。

3 蒸盆中放入洗净的鸡块，加清水淹没鸡，加药料袋、葱段、姜块、大枣、枸杞子、料酒入蒸锅，用旺火蒸1.5小时，取出，加入盐、味精调味，拣去药料袋即成。

Tips

乌鸡营养丰富，远远超过普通鸡。

原料 红豆100克，光乌鸡1只（750克）

调料 葱段、姜片、黄酒、盐、味精、清汤、色拉油各适量

做法 1 红豆洗净；乌鸡入沸水锅焯水后洗净。

2 油锅烧热，放入葱段、姜片稍煸炒，加入清汤、乌鸡、红豆、黄酒，烧沸后撇去浮沫，加盖炖1.5小时至鸡肉熟烂，加入盐、味精，拣去葱段、姜片即可。

Tips

乌鸡可将骨头砸碎，一起煮汤，最好不用高压锅，用砂锅慢炖。

红豆乌鸡汤

芋艿炖鸡汤

原料 净草鸡肉块300克，芋艿150克，莴笋块、胡萝卜块各少许

调料 葱段、黄酒、味精、盐、熟鸡油、鲜汤各适量

做法 1 鸡块用沸水焯水后捞出洗净。

2 砂锅置火上，放入鸡块、芋艿块、黄酒、鲜汤、葱段、莴笋块、胡萝卜块，待烧沸后，转小火炖1小时，至鸡块酥烂，加盐、味精，淋熟鸡油即成。

Tips

芋艿即芋头，有大小之分，大的适合煲汤，小的适合蒸。

原料 番茄150克，熟鸡块250克

调料 葱段、姜片、清汤、黄酒、盐、味精、色拉油各适量

做法
1 番茄洗净，切成厚片。
2 油锅烧热，放入葱段、姜片稍煸炒，加入清汤、鸡块、番茄块、黄酒，烧沸后撇去浮沫，加入盐、味精，拣去葱段、姜片即可。

Tips
番茄也可先炒至软烂，酸味溶到汤里，也很好吃。

番茄鸡块汤

原料 鸡爪200克，冬瓜200克

调料 葱段、姜片、黄酒、清汤、盐、味精各适量

做法
1 鸡爪焯水后洗净，加入葱段、姜片、黄酒煮熟；冬瓜切成条，入沸水锅焯水。
2 锅中加入清汤、鸡爪、冬瓜、葱段、姜片、黄酒，烧沸后撇去浮沫，加入盐、味精，拣去葱段、姜片即可。

冬瓜凤爪汤

Tips
1 鸡爪煮20分钟差不多就可以了。
2 此汤既美容又瘦身，适合减肥者食用。

原料 胡萝卜150克，熟鸡块250克

调料 葱段、姜片、清汤、黄酒、盐、味精、色拉油各适量

做法
1 胡萝卜去皮，切成滚刀块，入沸水锅焯水后投入冷水中。
2 油锅烧热，放入葱段、姜片、胡萝卜块稍煸炒，加入鸡块、清汤、黄酒，烧沸后撇去浮沫，加入盐、味精，拣去葱段、姜片即可。

Tips
胡萝卜素是属于脂溶性，须油炒或炖来吃才可充分释出。

胡萝卜煲鸡汤

鸡鸭鹅——汤煲

原料 熟乌骨鸡肉块150克，熟草鸡肉块150克，莴笋片10克，枸杞子少许

调料 葱段、姜片、黄酒、盐、味精、清汤、色拉油各适量

做法 锅置火上，倒入色拉油烧热后，放入葱段、姜片、莴笋片稍煸炒；加入熟乌骨鸡肉块、熟草鸡肉块、清汤、黄酒、枸杞子烧沸后，撇去浮沫；加入盐、味精，拣去葱段、姜片，起锅倒入汤碗中即成。

乌鸡白凤汤

Tips

此汤具有通乳下乳的功效。

原料 粟米200克，鸡蛋2个，鸡脯肉150克

调料 干淀粉、盐、酱油、姜汁、黄酒、清汤各适量

做法
1 粟米洗净；鸡蛋打成蛋液。鸡脯肉切成0.6厘米见方的丁，用酱油、黄酒、姜汁、干淀粉抓匀抓透。
2 砂锅内放清汤、粟米，烧开后，下鸡肉，再开后改用中小火，烧至鸡肉酥烂，转用大火烧滚，倒入蛋液搅散，用盐调味即成。

粟米即小米。

粟米鸡粒汤

原料 粉丝100克，鸭血200克，鸭肠、鸭心、鸭肝各50克

调料 鸭汤200克，盐3克，胡椒粉1克，香菜适量

做法
1 鸭血、鸭肠分别焯水洗净，鸭血切块，鸭肠切段。
2 鸭心、鸭肝洗净，粉丝泡开。
3 锅内加水烧沸，放入鸭血、鸭心、鸭肝、鸭肠烫熟放入碗内。
4 在碗内加入粉丝，冲入沸鸭汤，撒盐、胡椒粉、香菜即可。

鸭血粉丝汤

原料 光嫩鸭1只（约1500克），猪肉馄饨20个

调料 黄酒、盐、葱段、姜片、味精、香油各适量

做法
1 光鸭治净，氽烫洗净。
2 大砂锅底部放竹垫，将光鸭放在竹垫上，加葱、姜、黄酒、清水（水要淹没鸭子），用旺火烧沸，撇去浮沫后盖上盖，改用小火焖烧2小时，待鸭子酥烂后，将鸭子翻身，使胸脯朝上，加盐、味精烧沸。
3 馄饨煮熟，放入砂锅中，淋香油即成。

馄饨鸭

原料 小芋头150克，熟鸭块120克

调料 葱段、姜片、黄酒、盐、味精、清汤、胡椒粉、色拉油各适量

做法 1 将小芋头去皮，切成厚片，洗涤干净，放入沸水中焯片刻，捞出放清水中浸凉。
2 锅置火上，倒入色拉油烧热后，放入葱段、姜片、芋头片稍煸炒；加入熟鸭块、清汤、黄酒烧沸后，撇去浮沫，加入盐、味精，撒胡椒粉，起锅倒入汤碗中即成。

芋艿鸭块汤

Tips 芋头能够调节人体的酸碱平衡。

原料 光鸭块500克，萝卜100克

调料 黄酒、盐、味精、葱段、姜片各适量

做法 1 将光鸭块投入沸水锅内焯水，捞出洗净血沫。萝卜切成块也焯水。
2 鸭块入锅，加黄酒、盐、葱段、姜片，倒入清水淹没鸭块，加盖上旺火烧开，撇去浮沫，转用微火焖；待鸭肉八成烂时，加入萝卜块，继续在火上焖烂后加入盐、味精调味，装入碗中即可上桌。

萝卜炖鸭汤

Tips 关于萝卜有"冬吃萝卜夏吃姜"之谚语，很适合冬季进补。

原料 莲子100克，老鸭肉块500克

调料 葱段、姜片、黄酒、盐、味精、色拉油各适量

做法 1 莲子洗净；鸭块入沸水锅焯水，用清水洗净。
2 油锅烧热，放入葱段、姜片稍煸炒，加入水、鸭块、莲子、黄酒，烧沸后撇去浮沫，加盖炖2小时至鸭肉熟烂，加入盐、味精，拣去葱段、姜片即可。

莲子老鸭汤

Tips 白莲子很易煮熟，不用先泡水。

原料 水发扁尖笋100克，老鸭肉块500克

调料 葱段、姜片、黄酒、盐、味精、色拉油各适量

做法 1 老鸭肉块入沸水锅焯水，用清水洗净。
2 油锅烧热，放入葱段、姜片稍煸炒，加入水、鸭块、扁尖笋、黄酒，烧沸后撇去浮沫，加盖炖2小时至鸭肉熟烂，加入盐、味精，拣去葱段、姜片即可。

扁尖老鸭汤

Tips 扁尖即竹笋干。

鸡鸭鹅——汤煲

虫草鸭汤

原料 冬虫夏草2克，光鸭1只（1000克），小红枣10克

调料 清汤、料酒、姜块、葱段、盐、胡椒粉、味精各适量

做法
1 光鸭放入沸水锅汆煮片刻，捞出洗净；冬虫夏草用温水洗净。
2 将鸭肉放入器皿中，倒入适量清汤，加入虫草、红枣、料酒、葱段、姜块，用湿棉纸封严口，上笼蒸约2小时，揭去棉纸，捞出姜、葱，加盐、胡椒粉、味精调味即可。

原料 山药200克，老鸭300克，枸杞子20克

调料 白醋5克，葱段2段，姜1块，盐2克，鸡粉4克，胡椒粉2克，色拉油适量

做法
1 山药切块，放入加了少许白醋的水中泡着。
2 老鸭宰杀剁块，用沸水焯至变色捞出。
3 锅加油烧热，下葱、姜炒香，放老鸭煸炒出油，加水用大火烧开，改用小火炖50分钟，放入山药、枸杞子炖30分钟，用盐、胡椒粉、鸡粉调味即可。

山药煲老鸭

牛蒡老鸭煲

原料 牛蒡片50克，熟鸭块250克

调料 葱段、姜片、黄酒、盐、味精、鲜汤各适量

做法 煲中放入葱段、姜片、牛蒡片、熟鸭块、黄酒、鲜汤，置大火煮沸后，盖上盖，转小火焖30分钟后，加入盐、味精调味即成。

Tips

牛蒡除防癌作用外，还有促进排毒的功效。

原料 鸭腿、木耳、鸡蛋丝、菠菜、油菜各适量

调料 花椒、盐、葱、姜、大料、香叶、冰糖、甜辣酱、老抽、料酒、胡椒粉、鸡精各适量

做法
1 鸭腿剁块，用花椒和盐腌30分钟后洗净。
2 鸭腿焯好后捞出放在热水里，加葱、姜、花椒、大料、香叶，焖锅炖30分钟。
3 冰糖入锅加水烧化，下入煮熟的鸭腿，加入盐、甜辣酱、老抽、料酒和鸭汤。
4 汤中下入木耳、鸡蛋丝、菠菜、油菜略烧，用胡椒粉、鸡精调味即可。

红白鸭烩

原料 山药100克，玉竹30克，光乳鸽2只，枸杞子10克

调料 盐、黄酒、葱姜汁、清汤各适量

做法
1 玉竹、山药、枸杞子分别洗净，玉竹切成段，山药去皮切成片。乳鸽治净，每只鸽身剁成10块，投入沸水锅汆透、洗净。
2 砂锅中放清汤、黄酒、葱姜汁、乳鸽、玉竹、山药、枸杞子，旺火烧开，撇去浮沫，改小火炖约1.5小时，用盐调味即成。

Tips
玉竹具养阴润燥、除烦止渴等功效。

山玉乳鸽煲

龙眼鸽肉煲

原料 龙眼肉50克，党参30克，光乳鸽1只，莲子100克

调料 盐、黄酒、清汤各适量

做法
1 龙眼肉、党参、莲子均洗净。乳鸽治净，剁成小块，入沸水烫透，捞出洗净。
2 砂锅内入清汤、黄酒、莲子、龙眼肉、党参、乳鸽，旺火烧开后，撇去浮沫，改用小火炖至莲子酥烂，用盐调味即成。

Tips
党参具补中益气的功效，并能补血降压。

原料 鸽子400克，香菇50克，红枣10粒，枸杞子适量

调料 姜片10克，葱段15克，料酒10克，盐4克，鸡粉3克，高汤适量

做法
1 鸽子宰杀治净，冷水下锅煮至断生。香菇洗净切块。
2 红枣、枸杞子用温水泡一下。
3 砂锅放入葱段、姜片、高汤、鸽子用大火烧开，烹入料酒，撒入红枣、香菇、枸杞子改用小火炖至熟烂。
4 加盐、鸡粉调味即可。

Tips
民间有"一鸽胜九鸡"的谚语，说明鸽子的滋补效果很好。

香菇炖鸽子

鸡鸭鹅——汤煲

砂锅天地鸭

原料 野鸭（人工养殖）、麻鸭各1只

调料 姜、葱、绍酒、蒜各适量

做法
1 麻鸭、野鸭宰杀褪毛，去内脏洗净。
2 麻鸭、野鸭下开水锅焯水后取出，用清水洗净。
3 砂锅内放清水，加入麻鸭、野鸭、姜、葱、绍酒、蒜，大火烧开，小火焖烂即可。

Tips

麻鸭与普通鸭营养差别不大，也可用普通北京鸭代替。

原料 冬笋1根，熟鹅掌20只，枸杞子、香菜各少许

调料 葱段、姜片、黄酒、盐、味精、清汤、胡椒粉、色拉油各适量

做法
1 将冬笋剥去皮，切成片，放入沸水中焯片刻，捞出放清水中浸凉。
2 锅置火上，倒入色拉油烧热后，放入葱段、姜片、冬笋片稍煸炒；加入熟鹅掌、清汤、黄酒、枸杞子烧沸后撇去浮沫；加入盐、味精，拣去葱段、姜片，撒胡椒粉，起锅倒入汤碗中，放香菜即成。

Tips

鸡鸭鹅等爪子皆含丰富的胶原蛋白，是物美价廉的美容品。

冬笋鹅掌汤

虫草炖鹌鹑

原料 鹌鹑400克，冬虫夏草3克，冬菇50克，枸杞子5克

调料 姜片5克，料酒10克，盐3克，鸡粉3克，清汤、色拉油各适量

做法
1 鹌鹑宰杀治净，冷水下锅焯水捞出。冬菇用温水泡好。
2 锅内加油烧热，放入姜片、鹌鹑略炒，烹料酒，加清汤、冬虫夏草、枸杞子、冬菇，用大火烧开，改用小火炖至入味。
3 加盐、鸡粉调味即可。

Tips

鹌鹑是典型的高蛋白、低脂肪、低胆固醇食物。

辣炒鸡脆骨

 鸡脆骨200克，干辣椒100克

 盐、味精、料酒、淀粉、花椒、葱段、姜片、香菜、白芝麻、色拉油各适量

做法 1 鸡脆骨洗净，加盐、味精、料酒、淀粉腌渍20分钟。

2 锅多加一点油烧热，加入干辣椒、花椒爆香，加入盐、葱段、姜片煸炒，放鸡脆骨慢慢煸炒至金黄酥脆，加香菜、白芝麻装饰即可。

 Tips
干辣椒和花椒可在水中冲一下，用布揾干再入锅煸，香味十足且不容易焦糊。

鸡鸭鹅——煎炸烤

珍珠酥皮鸡

原料 鸡肉片800克，椰丝适量

调料 葱段、姜片、料酒、八角、盐、味精、饴糖、色拉油各适量

做法
1 鸡肉片入沸水锅中焯水，洗净，加入水、葱段、姜块、料酒、八角、盐、味精，大火煮开，撇去浮沫，加盖转小火烧半小时，捞出沥干，抹上饴糖晾干。
2 油锅烧至八成热，投入鸡肉片炸至金黄色，捞出沥油，将鸡肉片入盘内，撒上椰丝即可。

Tips
饴糖是以高粱、玉米等粮食为原料，经发酵糖化制成的食品，超市有售。

香炸鸡片

原料 鸡脯肉180克，面包糠75克

调料 盐、黄酒、水淀粉、葱姜汁、鸡蛋清、色拉油各适量

做法
1 鸡脯肉批成薄片，加盐、黄酒、水淀粉、葱姜汁、鸡蛋清腌渍，逐片拍上面包糠。
2 油烧至七成热，将鸡片逐片放入锅中炸至金黄色，捞出，装盘即可。

Tips
鸡肉腌半小时左右更入味。

原料 嫩母鸡1只（约1250克），锡箔纸1张，葱丝、姜丝、红椒丝各少许

调料 姜（拍松）10克，葱10克，八角10克，盐500克，色拉油适量

做法
1 将鸡治净，在鸡翅两旁各划一刀，颈骨上剁一刀，晾干，用盐擦匀鸡身，并放入姜、葱、八角，用锡箔纸包住，再裹一层刷有油的纸。
2 纸包鸡埋入盛有炒热的盐的砂锅中，置于炉上用小火焖熟，取出剁块摆成鸡形，撒上葱丝、姜丝、红椒丝即可。

盐焗鸡

煎鸡腿

原料 鸡腿1只，杭椒1个，番茄1个，黄瓜半根

调料 橄榄油2大匙，盐3克，胡椒粉3克，黄油20克

做法
1 鸡腿去骨后，用刀尖均匀地刺几下，撒上盐、胡椒粉腌渍片刻，杭椒、番茄、黄瓜均切丁。
2 锅中加入橄榄油烧热，放入鸡腿，用慢火煎至鸡皮成金黄色，加入黄油，继续煎，翻面后同样煎至皮脆。
3 鸡肉煎熟后，加入杭椒、番茄稍炒，再加入黄瓜，用剩余的盐、胡椒粉调味，鸡腿盛在盘中央，铺上蔬菜，浇上汤汁即可。

原料 鸡胸肉200克，鸡脆骨200克

调料 番茄酱30克，白胡椒10克，姜粉5克，辣椒粉2分，盐4克，糖10克，HP酱（英式酱料）130克

做法
1 鸡胸肉切成3厘米见方的块；鸡脆骨去根部硬骨，也切成3厘米见方的块。
2 鸡胸肉、鸡脆骨放入大碗中，加入所有调料拌匀腌渍3小时。
3 把鸡脆骨和鸡胸肉按4：6的比例串在竹扦上，用锡纸把竹扦包起（这样不容易把竹扦烤焦）。
4 烤箱用200℃预热10分钟，放肉串烤20分钟至熟即可。

蜜汁骨肉相连

脆皮乳鸽

原料 乳鸽1只

调料 鸡汤2500克，盐80克，桂皮5克，八角2克，甘草2克，丁香4克，黄酒325克，葱165克，姜80克，白酱油80克，饴糖20克，白醋10克

做法
1 乳鸽宰杀洗净。葱洗净切粒。姜洗净切片。
2 锅内加鸡汤、盐、桂皮、八角、甘草、丁香、黄酒、葱粒、姜片、白酱油，用大火烧开，转小火炖约1小时，即成白卤，然后乳鸽放入浸1小时后取出。
3 用饴糖、白醋调成原糊，涂在乳鸽皮上，挂在通风处吹3小时至乳鸽皮干时为宜。
4 晾干的乳鸽放入烤盘内进烤箱烤20分钟至皮酥脆、色泽金黄即可。

原料 鸡脯肉200克，芹菜叶适量

调料 蛋清、淀粉、泰国鸡酱、盐、味精、料酒、醋、糖、色拉油各适量

做法
1 鸡脯肉洗净，切成片，用蛋清、盐、味精、糖、醋、料酒腌渍。
2 锅放油烧热，将鸡脯肉拍上淀粉，入锅煎至色泽金黄，装盘，以芹菜叶点缀。
3 锅留底油，加泰国鸡酱烧匀作蘸酱。

Tips
拍淀粉前，将鸡肉揾干，可使淀粉附着均匀。

香煎鸡柳

原料 虾仁200克，烤鸭肉300克

调料 葱丝30克，盐3克，味精2克，胡椒粉1克，料酒10克，面粉100克，干淀粉50克，泡打粉、吉士粉各20克，色拉油适量

做法
1 虾仁斩蓉，烤鸭肉撕成丝，和葱丝、盐、味精、胡椒粉、料酒拌匀，摊成饼状，蒸熟。
2 面粉、干淀粉、泡打粉、吉士粉、色拉油调成脆浆。
3 油锅烧至五成热，将鸭丝虾蓉饼刷一层脆浆，下油锅炸熟，改刀即可。

Tips
脆浆炸至八成熟，改大火炸至酥脆。

脆皮香鸭

原料 鲜活河虾400克，香豆腐乳30克，香菜10克，蒜泥10克，葱姜汁10克

调料 盐、糖、胡椒粉、味精、香油、白酒各适量

做法
1 虾剪去须、脚，洗净后再用冷开水洗一遍，沥干，放入碗内，加盐、葱姜汁略拌一下，浸渍5分钟。
2 香豆腐乳用刀在砧板上剁成蓉，放入碗内，加豆腐乳汁、糖、胡椒粉、味精、香油拌匀。
3 碗内虾倒去腌汁，放入腐乳汁中拌匀，滴上几滴白酒，整齐地排列盘中，放上香菜和蒜泥即可。

Tips

选体长7~8厘米的虾最佳。

腐乳炝虾

鱿鱼顺风耳

原料 小鱿鱼筒、卤猪耳各500克

调料 葱段、姜块、料酒、盐、味精各适量

做法 卤猪耳灌装入小鱿鱼筒内，装紧实，口扎牢，入蒸笼，放葱、姜、料酒、盐、味精蒸熟，冷却后切片即可。

Tips

干鱿鱼用温盐水泡3小时左右即可。

原料 活蟹500克

调料 盐5克，糖3克，花椒2克，花雕酒10克，大曲酒10克，葱段4克，姜片3克，陈皮3克

做法
1 蟹刷洗干净。
2 锅置火上，加适量清水，加盐、糖、花椒烧开，冷却后加花雕酒、大曲酒调匀制成醉卤。
3 取一容器，底部放葱段、姜和陈皮，放入蟹，上面再放一层葱段、姜片、陈皮，压上重物加入醉卤封口，放冷藏室4天即可取出装盘，淋上醉卤食用。

Tips

冷藏时加保鲜膜，防止酒味散发掉。

醉蟹

鱼虾蟹贝 —— 凉菜

银鱼炒韭菜

原料 银鱼100克，韭菜200克

调料 色拉油、料酒、盐各适量

做法
1 银鱼洗净，轻轻拔掉头部（内脏也跟着拔出来），放入料酒和盐腌几分钟；韭菜切段。
2 锅烧热，放少许油，放入银鱼炒至变色，盛出待用。
3 锅中留底油，放入韭菜大火快速翻炒，倒入银鱼，加入盐炒匀，起锅装盘即可。

Tips
干银鱼入淘米水中泡一段时间，口感和鲜的一样。

原料 大虾仁150克，油炸豆腐角50克，西蓝花50克，莴笋片10克，胡萝卜片10克，干椒2克

调料 盐3克，鸡精1克，淀粉2克，色拉油、高汤、水淀粉各适量

做法
1 将虾仁洗净，加入盐、淀粉调拌均匀；西蓝花切块。
2 锅中放入少量油，煸炒虾仁至熟，再放入油炸豆腐角、西蓝花、莴笋片、胡萝卜片、干椒合炒，放入高汤，加盐、鸡精调味，淋入水淀粉勾芡即可。

豆腐炒虾仁

Tips
虾仁加调料后要放一会才可入味。

香酥火焙鱼

原料 火焙鱼200克，豆豉10克，剁椒5克，姜末5克

调料 辣椒粉3克，葱油、盐、鸡粉、料酒、香油、红油、色拉油各适量

做法
1 锅中入油烧热，加入火焙鱼炸酥，捞出沥干油。
2 锅中加少许葱油烧热，加入剁椒、姜末、豆豉、辣椒粉煸香，下入火焙鱼、盐、鸡粉，烹入料酒，快速翻炒均匀后淋香油、红油，出锅凉透即可。

Tips
火焙鱼是将小鱼去内脏，烘干后，再熏烘而成的。

原料 火焙鱼300克，红小米椒、青小米椒各1个

调料 干辣椒、姜片、蒜蓉、小葱段、盐、味精、高汤、陈醋、色拉油各适量

做法
1 火焙鱼入七成热油锅中迅速炸至金黄色捞出；干辣椒掰成小段；青小米椒、红小米椒均切小圈。
2 锅留底油，下干辣椒、姜片、蒜蓉、小葱段煸香，放入火焙鱼、青小米椒、红小米椒翻炒，加盐、味精、少许高汤、陈醋炖5分钟，大火收汁，放上小葱段即可。

乡村火焙鱼

鱼头两侧的硬刺要小心去除，注意不要刺到手。

碧绿虾仁

原料 虾仁300克，西蓝花200克

调料 盐、淀粉、清汤、料酒、味精、色拉油各适量

做法
1 虾仁用清水洗净，擦干，加少许盐、淀粉上浆；西蓝花切小块，入沸水锅焯水后沥干。
2 清汤、料酒、盐、味精、淀粉兑成味汁。
3 油锅烧至五成热，倒入虾仁、西蓝花，待虾仁变色后，捞出沥油。净锅置火上，倒入虾仁、西蓝花，烹入味汁，翻炒均匀即可。

虾仁过油时间要短，才能保持滑嫩口感。

原料 新鲜墨鱼250克，水发黑木耳50克，尖椒25克，干辣椒10克

调料 姜5克，葱白10克，绍酒10克，鸡精2克，盐2克，淀粉5克，色拉油适量

做法
1 将墨鱼去除内脏，剥去外层薄衣，洗净切花刀小块（约两指宽）；黑木耳摘成小朵；尖椒去子，切成菱形小块。姜切片，葱切末。
2 墨鱼入沸水中汆水至鱼块打卷，即捞出过凉。
3 炒锅入适量油，油温八成热时放入姜片煸香，放入葱末，下入墨鱼、木耳翻炒2分钟，再将尖椒块、干辣椒放入一起翻炒2分钟，点入少许绍酒，用鸡精、盐调味，水淀粉勾薄芡即可。

家常墨鱼

鱼虾蟹贝——小炒

鲜虾小炒皇

原料 大虾仁100克，比目鱼50克，油炸面包丁50克，西蓝花50克，莴笋片10克，胡萝卜片10克，香菜少许

调料 盐3克，鸡精1克，淀粉2克，色拉油、高汤、水淀粉各适量

做法
1. 将虾仁洗净，加盐、淀粉上浆；比目鱼剞花刀，入沸水氽烫成花；西蓝花切块待用。
2. 锅中放入少量油，煸炒大虾仁至熟，再放入比目鱼花、西蓝花、莴笋片、胡萝卜片合炒，放入高汤，加盐、鸡精调味，淋入水淀粉勾芡，最后撒上油炸面包丁，点缀香菜即可。

Tips

比目鱼用柠檬汁腌制可去腥。

红椒炒河虾

原料 河虾300克，青、红山椒各50克

调料 盐、味精、鸡精、料酒、白糖、生姜、香辣酱、清汤、色拉油各适量

做法
1. 河虾洗净，山椒切丁待用。
2. 河虾用七成热的油炸至红色，捞出控油。
3. 锅留底油，放入生姜、香辣酱炒香，下山椒丁、河虾煸炒均匀，加其他调料焖3分钟即可。

Tips

虾不可久煮，一般不超过3分钟。

原料　三文鱼肉100克，吉士粉50克，红椒10克，葱段5克，姜片5克

调料　盐3克，鸡精1克，淀粉2克，色拉油适量

做法　1 将三文鱼肉切成条，加盐、鸡精上浆，然后拍少许淀粉及吉士粉待用。
2 锅中放油，烧至五成热后，投入三文鱼肉，炸至金黄色，捞出；另起锅放入姜片、葱段、红椒炒香，投入炸好的三文鱼，调入盐、鸡精，炒均匀即可。

Tips
1 三文鱼越新鲜，肉质颜色越红；时间久了颜色就会变浅。
2 三文鱼若生吃，鱼尾部位最佳，因为肉质最为细嫩。

葱姜三文鱼

 原料　大河虾400克，夏果200克，鲜蚕豆瓣50克

调料　盐、蛋清、淀粉、葱结、姜片、绍酒、味精、色拉油各适量

做法　1 大河虾剥去壳，留尾成凤尾虾生坯，再擦干水分，用盐、蛋清、淀粉上浆；蚕豆瓣入沸水锅中焯水后捞出。
2 油锅烧热，投入凤尾虾生坯滑油至变色，倒入漏勺沥去油；炒锅复置火上，放少量油，投入葱结、姜片炸香后捞出不用，投入蚕豆瓣煸炒后，烹入绍酒、盐、味精，用水淀粉勾芡，倒入凤尾虾、夏果，颠锅炒匀即可。

Tips
夏果含丰富的钙、磷、铁、维生素等，有"干果皇后"的称号。

夏果凤尾虾

鱼虾蟹贝 —— 小炒

青蒜炒河虾

原料 大河虾250克,青蒜段150克

调料 盐、黄酒、色拉油各适量

做法 1 将河虾剪去头须。

2 锅置火上,放入油烧热,放入大河虾炒至变红,加黄酒、盐、青蒜略炒即可装盘。

Tips

青蒜不宜久烹,否则会使香气尽失。

原料 大虾300克

调料 葱花、姜末、料酒、盐、糖、味精、色拉油、姜丝、枸杞子各适量

做法 1 大虾剪去虾须,抽去虾线,入热油锅中炸至酥松。

2 锅留底油,放入葱、姜、料酒、盐、糖、味精,调成卤汁,加入炸好的大虾炒匀,装饰姜丝、枸杞子即可。

元宝虾

Tips

大虾从头和身体背部连接处用牙签即可挑出虾线。

辣子串烧虾

原料 鲜虾400克,干辣椒80克,竹扦若干

调料 盐2克,鸡精3克,料酒10克,豉油5克,老干妈香辣酱8克,色拉油适量

做法 1 将虾洗净后去虾须和虾线,加盐、鸡精、料酒腌渍15分钟,用竹扦串起来。

2 锅中放油烧至七成热,放入大虾炸至金黄色。

3 锅底留少许油,爆香干辣椒,加入老干妈香辣酱,放入炸好的大虾翻炒,淋上豉油即可。

Tips

选购活虾时,应选择虾壳较硬、表面光亮、眼突、肉结实、味腥的为优,若虾壳软、表面颜色暗、眼凹、壳肉分离、头脚脱落、肉松散的则不新鲜。

原料 大虾300克，油炸花生50克，鸡蛋清1个

调料 盐、料酒、葱花、姜丝、淀粉、酱油、醋、糖、高汤、干辣椒、花椒、葱段、姜片、蒜瓣、色拉油各适量

做法
1 大虾去头、壳、虾线，取虾仁，加盐、料酒、葱花、姜丝腌渍10分钟。鸡蛋清加淀粉调匀，均匀裹在虾仁上。
2 酱油、醋、盐、糖、料酒、少许高汤搅拌均匀成调味汁。
3 锅加底油，烧至六成热，放干辣椒、花椒炸出香味，捞出。下入虾仁、葱段、姜片、蒜瓣炒匀，加入干辣椒、花椒，倒入调味汁略烧，放入油炸花生即可出锅。

宫爆大虾

香辣蟹

原料 肉蟹500克

调料 花椒、豆瓣酱、干辣椒、葱段、姜片、料酒、醋、糖、盐、鸡精、色拉油各适量

做法
1 将肉蟹去腮、胃、肠，剁成块；豆瓣酱剁细。
2 油锅烧至四成热时，放入花椒、豆瓣酱、干辣椒炒出麻辣香味，加入葱段、姜片、蟹块，倒入料酒、醋、糖、盐、鸡精翻炒均匀即可。

 Tips

肉蟹以农历八月初三到八月廿三最为肥美。

93

魚虾蟹贝 —— 小炒

原料 田螺肉150克，外婆菜50克，韭菜50克，紫苏叶5克，小米椒粒10克，姜末、蒜蓉各适量

调料 色拉油、盐、鸡精、胡椒粉、蚝油、料酒、香油各适量

做法
1 将田螺肉洗净后切片，韭菜和紫苏均切成1厘米长的段。
2 炒锅烧热，加少许油烧至五成热，下入姜末、蒜蓉、小米椒粒煸香后倒入田螺肉翻炒，烹入料酒，加盐、鸡精、蚝油、胡椒粉炒香，盛出备用。
3 另取一炒锅，加油烧热，下入外婆菜煸香后倒入炒好的田螺肉、韭菜、紫苏炒熟，淋香油即可。

 Tips

外婆菜在湘西叫腌菜，为大叶青菜晒蔫，用盐腌好晒干而成。

农夫田螺肉

尖椒炒田螺

原料 田螺肉200克，红尖椒2个

调料 葱段、姜片、料酒、姜末、蒜末、盐、味精、酱油、色拉油各适量

做法
1 田螺去壳取肉，入加了葱段、姜片、料酒的水中煮熟，捞出沥干。
2 锅加油烧热，下姜末、蒜末、红椒炝锅，放入田螺肉翻炒，加料酒、盐、味精、酱油调味即可。

原料 发好的鱼皮300克，青椒、红椒各10克，香菇25克，胡萝卜15克

调料 猪油100克，盐2克，料酒5克，味精3克，葱丝10克，姜丝8克，水淀粉15克，清汤、葱姜油、胡椒粉各适量

做法
1 将鱼皮切成6厘米长的细丝，用水略泡；青椒、红椒、香菇、胡萝卜分别切成细丝。
2 锅放入猪油上火，烧热后放入葱丝、姜丝煸炒出香味，放入所有原料略炒，同时放入清汤、盐、料酒、味精、胡椒粉，以少量水淀粉勾芡，再淋入葱姜油即可。

五彩鱼皮丝

Tips

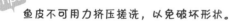
鱼皮不可用力挤压搓洗，以免破坏形状。

姜葱炒蟹

原料 花蟹2只，姜6片，葱5段

调料 盐8克，胡椒粉3克，鲍鱼汁15克，高汤40克，淀粉适量，色拉油150克

做法
1 将花蟹剖开，洗净，斩成四块，拍裂蟹螯。
2 锅中加油烧至七成热，将蟹块拍上淀粉，入锅炸至刚熟捞出。
3 锅内留底油烧热，放姜片、葱段爆香，加蟹块快炒，倒入高汤，加盐、胡椒粉、鲍鱼汁调味炒匀，待汤汁收浓，淋明油装盘即可。

Tips

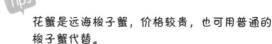
花蟹是远海梭子蟹，价格较贵，也可用普通的梭子蟹代替。

原料 鲫鱼2条，熟笋片10克，青椒丝10克，葱片5克

调料 盐、味精、酱油、白糖、醋、鲜汤、鸡蛋清、水淀粉、色拉油各适量

做法
1 将鲫鱼宰杀后剔下肉，批成大片，加盐、鸡蛋清、水淀粉上浆。
2 锅置火上，放入油烧至四成热，将鱼片倒入锅中滑油，盛出待用。
3 锅内留少许油，放熟笋片、青椒丝、葱片略炒，加入少许鲜汤，用盐、味精、酱油、白糖、醋调味，烧沸后勾芡，倒入鱼片，炒匀即可装盘。

Tips
鲫鱼选至少大于200克的，否则肉少刺多。

生炒鲫鱼

炒黑鱼片

原料 黑鱼1条（约600克），黄瓜片15克，水发木耳片15克

调料 水淀粉、盐、料酒、葱花、姜末、香醋、色拉油各适量

做法
1 黑鱼治净，取下净鱼肉，斜刀片成厚约0.2厘米的片，加盐、料酒、水淀粉拌匀上浆。
2 炒锅放油烧热，投入鱼片滑油至熟，沥油。
3 炒锅内留底油，炒香葱花、姜末，放入黄瓜片、木耳片，放鱼片和盐、料酒，炒匀后用水淀粉勾芡，淋明油，装入滴有香醋的盘中即可。

Tips
黑鱼具有通乳催奶的作用。

原料 墨鱼仔300克，青椒1个，木耳、泡椒末各50克

调料 姜片、盐、味精、料酒、蚝油、色拉油各适量

做法
1 墨鱼仔去掉内脏、墨囊，小心不要弄破墨囊，撕去皮膜，洗净，入沸水中略焯，捞出。木耳入沸水中焯熟。
2 锅加油烧热，放入姜片爆香，加入木耳、青椒片、泡椒末翻炒，加墨鱼仔，放入盐、味精、料酒、蚝油炒1分钟即可。

Tips
墨鱼仔炒1分钟即可，过久则会失去筋道的口感。

剁椒墨鱼仔

鱼虾蟹贝——小炒

原料 鸡蛋3个，虾仁150克

调料 淀粉、色拉油、盐、葱花各适量

做法
1 将鸡蛋磕入碗中，加入葱花，用竹筷打散；虾仁清洗干净后控干水分，用淀粉上浆。
2 炒锅内放适量油，待油温至五成热时，放入虾仁滑油至熟，倒入漏勺沥去油。
3 炒锅内放适量油，待油温八成热时，倒入鸡蛋液，翻炒成块后倒入虾仁，加入盐，炒匀后起锅装入盘中。

鸡蛋炒虾仁

Tips
虾仁滑油时，一变色即可捞出。

原料 蛤蜊400克，青、红尖椒各半个

调料 蒜3瓣，姜末3克，料酒10克，盐4克，味精2克，生抽5克，色拉油适量

做法
1 蛤蜊洗净，入沸水中焯水捞出。
2 青红尖椒洗净，去子切片。蒜去皮切片。
3 锅内加油烧热，下蒜片、姜末、青红尖椒片炒香出味，放入蛤蜊炒匀，烹入料酒。
4 加盐、味精、生抽调味后，炒至入味即可。

Tips
蛤蜊在滴入几滴油的水中泡15分钟即可吐沙。

尖椒炒蛤蜊

原料 净鱼肉500克，青椒末、红椒末、洋葱末各10克，鸡蛋1个（取蛋清）

调料 盐、味精、胡椒粉、芝麻、姜末、蒜末、香油、椒盐、淀粉、色拉油各适量

做法
1 净鱼肉切1厘米见方小丁，加椒盐、盐、蛋清、淀粉拌匀，待用。
2 锅放油烧至六成热，将鱼丁炸至色泽浅黄。
3 锅留底油，将味精、胡椒粉、芝麻、姜末、蒜末炒香，下鱼丁，略翻炒，淋香油，撒上青椒末、红椒末、洋葱末即成。

椒盐鱼米

Tips

黑鱼、鲈鱼、鳜鱼的刺比较少。

原料 花蟹400克，红椒50克

调料 香葱段10克，蒜片20克，咖喱酱80克，盐5克，鸡粉10克，椰浆、干淀粉、色拉油各适量

做法 1 花蟹去鳃、肺，洗净斩件，拍少许干淀粉。红椒洗净，去蒂切段。

2 锅内加油烧八成热，放入蟹炸至变色捞出。

3 锅留底油烧热，放葱段、蒜片、红椒和咖喱酱炒香，放入蟹、盐、鸡粉、椰浆调味即可。

Tips

1 炸蟹时一般用中火炸2分钟。

2 蟹盖里有蟹黄，可先蒸一下再炸，以免流失。

香蒜咖喱炒蟹

龙井虾仁

原料 鲜活大河虾100克，龙井新茶1克

调料 葱2克，绍酒15克，盐3克，味精3克，鸡蛋清1个，水淀粉40克，色拉油适量

做法 1 将河虾洗净，取出虾肉放在小竹筐中，用清水反复搅洗至虾仁洁白，盛入碗中，加盐、鸡蛋清搅拌至有黏性时，入水淀粉、味精拌匀，静置1小时，使虾仁入味。

2 锅置火上，加油烧至120℃，下入虾仁，迅速划散，至虾仁呈玉白色时捞出沥油。

3 锅内留底油烧热，入葱煸香，依次放入虾仁、绍酒、茶叶及余汁，将锅转动两下，装盘即成。

原料 北极虾500克，熟白芝麻、果仁各适量

调料 干淀粉、蒜、干辣椒、野山椒、泰式辣椒、青红杭椒、酱油、盐、白糖、鸡精各适量

做法 1 在北极虾中放入干淀粉，裹匀虾身。

2 锅中放油，将蒜末炒至金黄。

3 另起油锅，待油温八成热时，放入北极虾炸至金黄捞出。

4 在锅中入底油烧热，下入蒜片、干辣椒段、野山椒、泰式辣椒、青红杭椒炒出辣味后，倒入炸好的北极虾、蒜末，加2勺酱油、盐、1勺白糖调味。

5 最后放入炒好的白芝麻、果仁以及鸡精即可。

Tips

北极虾价格贵且不太好买，可用海白虾代替。

十八辣北极虾

鱼虾蟹贝——小炒

清炒湖虾仁

原料 鲜虾仁200克，生菜适量

调料 盐、鸡蛋清、淀粉、水淀粉、葱段、黄酒、味精、色拉油各适量

做法
1 虾仁放入水中，反复漂洗干净，捞出，沥干，用盐、鸡蛋清、淀粉拌匀并搅拌上劲。
2 油锅烧至四成热，下虾仁滑开，至全部变色时，倒入漏勺沥去油。
3 锅留底油，下葱段略煸，加黄酒、盐、味精，烧沸后用水淀粉勾芡，倒入虾仁炒匀，淋入少许色拉油，盛在铺了生菜的盘中即可。

原料 海螺肉、油菜、冬笋各适量

调料 盐、蛋清、干淀粉、蒜片、水淀粉、色拉油各适量

做法
1 海螺肉加入大量的盐搓洗成白色，切片，加入蛋清和干淀粉抓匀，滑油。
2 油菜帮和冬笋切片，分别焯水，过凉。
3 油菜叶切成细丝，放入油锅中炸成菜松码盘。
4 锅中留底油，下入蒜片炝锅，同时下入油菜帮、冬笋、海螺肉爆炒，勾芡即可。

油爆螺片

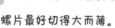
螺片最好切得大而薄。

川味海白虾

原料 海白虾400克

调料 干淀粉、干辣椒、花椒、葱丝、姜丝、盐、鸡精、色拉油各适量

做法
1 海白虾焯水，捞出控干水分。
2 在虾的表面均匀裹上一层干淀粉。
3 油锅烧至四五成热，下入海白虾炸至表皮酥脆后捞出备用。
4 锅中留底油，下入干辣椒和花椒炒出香味，依次下入葱丝、姜丝和虾。
5 最后用盐和鸡精调味，翻炒均匀后即可。

原料 净螺蛳（去尾）750克，姜末30克，葱花50克，干辣椒段适量

调料 盐、白糖、黄酒、酱油、桂皮、八角、醋、胡椒粉、色拉油各适量

做法 锅中倒入油少许，放入干辣椒段、姜末、葱花、桂皮、八角、螺蛳煸炒至部分螺蛳掉靥（即螺口圆片状的盖），加入盐、白糖、黄酒、酱油、清水继续炒至断生入味，淋醋，撒胡椒粉即可。

炒螺蛳

Tips
田螺放进有铁勺的水盆中泡一会即会吐沙。

原料 草鱼600克，青红椒条50克，香菜段20克

调料 盐2克，蛋清1个，淀粉10克，干辣椒10克，花椒5克，葱片10克，姜片8克，料酒5克，香辣酱8克，糖5克，胡椒粉3克，味精3克，色拉油适量

做法
1 鱼治净，切宽1.5厘米、长5厘米的条，加盐、蛋清、淀粉上浆。
2 锅加油烧六七成热，下鱼条炸至金黄色捞出。
3 锅留油烧热，下干辣椒、花椒、葱、姜炒香，烹入料酒，放香辣酱、鱼条、青红椒炒匀，加盐、糖、胡椒粉、味精调味炒熟，撒香菜即可。

香辣鱼条

原料 荷兰豆150克，鳝鱼200克，小米椒50克

调料 盐10克，蒜3瓣，姜丝5克，生抽5克，料酒15克，胡椒粉3克，色拉油适量

做法
1 荷兰豆去筋、两头，小米椒切段。
2 鳝鱼宰杀去骨，用盐擦一遍，用水冲掉表面的黏液，沥水，切去头尾，将鱼皮朝上，整个鱼身展开，用刀拍几下，再斜切成小片。
3 锅加油烧热，下蒜瓣、姜丝、小米椒炒香，加鳝鱼片，烹入生抽、料酒。
4 不停翻炒至鳝片卷起变色，加荷兰豆、盐、胡椒粉炒熟即可。

荷兰辣味炒鳝鱼

原料 螺蛳肉200克，韭菜100克

调料 盐、味精、色拉油各适量

做法
1 将螺蛳肉洗净，用沸水烫一下；韭菜洗净，切成3厘米长的段。
2 锅置火上，放入油烧至六成热，将螺蛳肉煸炒，再加入韭菜、味精、盐，略炒后即可装盘。

Tips

韭菜竖着放地上，根部洒一点水，可保存两三天。

螺蛳炒韭菜

鱼虾蟹贝——小炒

原料 银鱼250克，油炸花生米1小把

调料 干辣椒、花椒、料酒、盐、酱油、糖、醋、色拉油各适量

做法
1 银鱼洗净，入油锅中炸至金黄，捞出沥油。花生剁粗粒。
2 锅留底油，放入干辣椒、花椒炸香，倒入银鱼，加料酒、盐、酱油、糖、醋炒匀，加花生碎即可。

Tips

此菜用干银鱼风味更佳。

麻辣银鱼干

小鱼花生

原料 银鱼干100克，油炸花生米40克

调料 干辣椒、白芝麻、香葱花、色拉油各适量

做法 1 银鱼干浸泡洗净，揾干水分。

2 锅加油烧热，改小火，放入干辣椒炝出香味，放入银鱼干慢慢煸至干香，放入花生拌匀，撒炒熟的白芝麻、香葱花即可。

Tips

此菜用干银鱼和鲜银鱼皆可，若用干银鱼，先用冷水泡10分钟。

100

原料 净鱼肉250克，白果15克，红椒片50克，毛豆25克

调料 盐、味精、鲜汤、黄酒、鸡蛋清、水淀粉、色拉油各适量

做法 1 鱼肉切成丁，加盐、鸡蛋清、水淀粉上浆；毛豆用沸水焯熟。

2 锅入油烧至四成热，将鱼丁倒入锅中滑油，盛出；白果、红椒片用油焐熟。

3 锅留底油，加少许鲜汤、黄酒，用盐、味精调味，烧沸后勾芡，倒入原料炒匀即可。

三色鱼丁

小炒田螺肉

原料 带壳田螺500克，青椒1个，红椒1个，蒜薹2根

调料 料酒、干辣椒、葱段、姜末、蒜片、老干妈豆豉、盐、味精、色拉油各适量

做法 1 田螺去壳取肉，反复洗净，入加了料酒的沸水中焯水，捞出。

2 青椒、红椒、蒜薹切成和田螺差不多大小的粒。

3 锅加油烧热，加入干辣椒炸香，再加葱段、姜末、蒜片、老干妈豆豉，放入田螺肉、料酒炒入味，加入青椒粒、红椒粒、蒜薹粒，放少许盐、味精调味即可。

原料 黄鳝500克，西芹100克

调料 盐4克，淀粉10克，姜丝5克，料酒10克，生抽10克，味精3克，色拉油适量

做法 1 黄鳝宰杀、去骨，洗净切丝，加入盐、水淀粉上浆码味。西芹切丝。

2 锅内加油烧至六成热，放入黄鳝丝、西芹滑油，捞出沥油。

3 锅内留底油烧热，下姜丝爆炒，放黄鳝丝、西芹丝炒匀，烹入料酒，加生抽、盐、味精调味炒熟即可。

芹爆鳝丝

原料　泥鳅300克，芹菜1棵，红小米椒1个

调料　干辣椒、花椒、葱段、姜片、蒜片、料酒、老抽、盐、豆豉、色拉油各适量

做法
1　干辣椒掰成段；红小米椒切圈。芹菜洗净切成5厘米长段。泥鳅处理干净，切5厘米长段，入七成热油中炸至金黄，捞出沥油。
2　锅留底油，放入干辣椒、花椒炸香，加入葱段、姜片、蒜片、红小米椒略炸，倒入泥鳅、豆豉煸炒，烹入料酒、老抽、盐，放入芹菜段炒匀即可。

Tips
若是买回的是活泥鳅，放清水中养一两天，可以去除泥腥味。

干煸泥鳅

原料　鲈鱼700克，青红椒50克

调料　盐2克，鸡蛋清1个，淀粉20克，椒盐10克，色拉油适量

做法
1　鲈鱼治净，去头尾，再把鱼肉切片。
2　鱼肉片加盐、鸡蛋清、淀粉稍腌。
3　锅加油烧至五成热，下鱼头、鱼尾炸至金黄色，捞出，再下鱼肉炸成金黄色，捞出沥油。
4　锅留油烧热，下青红椒、鱼肉片、椒盐炒匀，摆入鱼头尾之间即可。

Tips
鲈鱼充分洗净血水，会减少腥味。

椒盐鲈鱼

原料　熟甲鱼裙边块150克，熟白果、熟胡萝卜丁各50克，滑油虾仁、洗净的雪里蕻各100克

调料　葱花、姜末、蒜泥、料酒、盐、味精、水淀粉、色拉油各适量

做法　油锅烧热，放入葱、姜、蒜略炸，放入雪里蕻煸香，加入甲鱼裙边、白果、胡萝卜丁、虾仁，加料酒、盐、味精炒匀，勾芡即可。

Tips
裙边是甲鱼背甲边缘的一圈软肉，味鲜美。

小炒裙边

原料　泡椒100克，鱼丸300克，青蒜50克

调料　葱花5克，姜片5克，高汤50克，盐2克，味精3克，胡椒粉2克，红油10克，色拉油适量

做法
1　青蒜切段。
2　锅内加水烧开，下鱼丸煮3分钟捞出。
3　锅加油烧热，下葱姜、泡椒炒香，放鱼丸、高汤用大火烧开，改用小火烧3分钟，待汤汁快烧干时，放青蒜炒匀，加盐、味精、胡椒粉炒熟，淋红油即可。

泡椒炒鱼丸

原料 鳝鱼200克，红、绿、黄椒各半个，冬笋50克

调料 葱段20克，蒜末5克，料酒6克，盐4克，糖3克，老抽3克，味精4克，色拉油适量

做法
1. 鳝鱼宰杀，去骨切丝；彩椒、冬笋、葱分别切丝。
2. 锅内加水烧开，下鳝鱼丝焯水。
3. 锅加油烧热，下葱、蒜爆香，放鳝鱼丝、彩椒、冬笋炒匀，烹入料酒，加盐、糖、老抽炒匀，放味精炒熟即可。

五彩鳝丝

原料 虾500克，菠萝150克，青豌豆30克

调料 水淀粉15克，姜末5克，番茄酱30克，盐3克，糖10克，味精1克，香油、色拉油各适量

做法
1. 鲜虾去头、壳、虾线，从虾背部用刀沿中线片透，并保持头尾相连，加入水淀粉腌10分钟；菠萝切成块；青豌豆放入开水中焯一下。
2. 锅加油烧至七成热，下入虾炸至定形，捞出。
3. 锅留油少许，放入姜末爆香，放虾球、菠萝、青豌豆炒匀，加番茄酱、盐、糖、味精炒熟，淋香油出锅即可。

菠萝炒虾球

原料 竹蛏150克，菌菇50克，干椒5克，葱段5克，姜片5克

调料 盐2克，鸡精1克，水淀粉、色拉油各适量

做法
1. 将竹蛏入沸水锅中快速汆烫，入冷水中清洗干净。
2. 锅中放油，投入姜片、葱段、菌菇、干椒炒香，下竹蛏，调入盐、鸡精，勾入薄芡，炒匀即可。

姜葱炒竹蛏

Tips

竹蛏不同个头大小味道区别不大，关键要鲜活。

原料 鲜鱿鱼2条，西芹1棵，小米辣椒1个

调料 干辣椒、花椒、葱段、姜片、蒜片、豆豉、料酒、盐、酱油、色拉油各适量

做法
1. 鱿鱼捏住头部，拉出内脏，撕去皮膜，去除眼睛，洗净，切丝。
2. 西芹洗净，切成和鱿鱼丝同等粗细的丝。
3. 锅加油烧热，放入干辣椒、花椒爆香，加入葱段、姜片、蒜片煸炒，加入豆豉、小米辣椒炒香，放入鱿鱼丝翻炒，放入芹菜丝，加料酒、盐、酱油迅速炒匀出锅。

干煸鱿鱼丝

原料 圆泡椒150克，鱿鱼400克

调料 料酒10克，小葱段20克，盐2克，糖3克，味精4克，红油10克，色拉油适量

做法
1 鱿鱼处理干净，打十字花刀。
2 锅加水烧开，放入料酒少许，下入鱿鱼焯至变色打卷捞出。
3 锅加油烧热，下葱段、泡椒炒香，放鱿鱼卷炒匀，加盐、糖、味精炒熟，淋红油即可。

Tips
泡椒在炒前用水泡一下，否则会太咸。

泡椒炒鱿鱼

原料 西蓝花20克，鱿鱼200克，胡萝卜5克，黄瓜15克

调料 葱5克，姜3克，盐3克，味精2克，水淀粉20克，色拉油适量

做法
1 将鱿鱼去表膜，改菱形片；胡萝卜、黄瓜切菱形片。
2 锅中加水烧开，鱿鱼、胡萝卜、西蓝花分别焯水，捞出冲凉。
3 锅内放油烧热，用葱姜炝锅，放入鱿鱼翻炒，加盐、味精，最后放入胡萝卜、黄瓜、西蓝花炒熟，用水淀粉勾芡即成。

Tips
鱿鱼焯的时间不要过长。

碧绿鱿鱼片

原料 青口贝（海红）300克，荷兰豆100克，胡萝卜50克，西芹50克，葱50克，蒜少许

调料 盐3克，鸡精1克，水淀粉、色拉油各适量

做法
1 青口贝入沸水汆烫，去壳取肉（海红）；荷兰豆切菱形片；西芹切菱形块；胡萝卜切片；葱切段，蒜切片。
2 锅上火，加入油，炒香葱段、蒜片、荷兰豆、西芹块、胡萝卜片、海红，调入盐、鸡精，勾薄芡，拌匀即可。

荷香炒海红

原料 生蚝仔（牡蛎仔）肉300克，豆豉30克，杭椒、红小米椒各2个

调料 豆豉、姜片、蒜片、料酒、盐、糖、味精、老抽、胡椒粉、色拉油各适量

做法
1 牡蛎仔肉加入盐和水反复抓洗，以去除泥沙，反复冲洗干净，沥干。杭椒、红小米椒切小圈。
2 锅加油烧热，放入豆豉、姜片、蒜片小火爆香，转大火，放入牡蛎肉、杭椒、红小米椒翻炒，烹料酒、盐、糖、味精、老抽炒熟，撒胡椒粉即可。

豆豉炒蚝仔

豆豉剁椒蒸鱼块

原料 草鱼1条

调料 料酒、盐、葱末、姜末、豆豉、剁椒、花椒粉、蒜蓉、味精、葱花、色拉油各适量

做法
1 草鱼处理干净，剁成小块，加料酒、盐、葱末、姜末腌渍30分钟，取出沥干放入碗内。
2 豆豉加剁椒、花椒粉、姜末、蒜蓉、味精拌匀，用热油浇淋成豆豉料。
3 将豆豉料放在草鱼上，视鱼块大小，蒸10～15分钟，撒葱花即可。

做法2中油温不能过高，以免将粉料烫焦。

油辣鱼

原料 草鱼1条，青蒜1根

调料 干辣椒、豆豉、盐、糖、蒸鱼豉油、红油、色拉油各适量

做法
1 鱼处理干净，取净鱼肉，切成块。干辣椒掰成小段。青蒜切末。
2 锅加足量油，烧至七成热，倒入鱼块，炸至金黄色，捞出沥油。
3 锅留底油，放入干辣椒、豆豉小火炒出香味，加盐、糖、蒸鱼豉油拌匀，倒在鱼块上，入蒸锅蒸10分钟，淋红油，撒青蒜末即可。

Tips

蒸鱼豉油也可出锅时再淋上。

原料 多春鱼500克

调料 料酒10克，盐2克，洋葱丝15克，姜片10克，五香粉8克，鸡精2克，酱油4克，醋3克，糖5克，高汤、色拉油各适量

做法
1 多春鱼处理干净后，加料酒、盐、洋葱丝腌渍片刻。
2 锅中加入油烧至七成热，将多春鱼炸至金黄色。
3 锅留油烧热，用姜片炝锅，加少许高汤、五香粉、盐、鸡精、酱油、醋、糖调成五香汁。
4 倒入多春鱼，用小火烧至入味即可。

Tips

多春鱼也可以炸着吃，用盐、五香粉拌匀，倒上料酒，腌上20分钟。鸡蛋打匀，淀粉放在大盘里，把腌好的鱼沾上蛋液，裹上淀粉，炸出来口感比较酥脆。

五香**多春鱼**

原料 鲫鱼500克，香菇50克

调料 香葱10克，姜10克，醋8克，酱油8克，糖2克，料酒10克，盐4克，鸡粉3克，水淀粉10克，高汤、色拉油各适量

做法
1 鲫鱼宰杀洗净，打上花刀。香葱切段。香菇切片。
2 锅内加油烧热，放入鲫鱼煎至两面发黄。
3 锅留底油，下葱姜爆香，加入高汤、鱼、香菇片烧沸，放入醋、酱油、糖、料酒、盐、鸡粉烧至鲫鱼入味。
4 鱼汤勾芡，浇在鱼上，再淋明油即可。

红烧**鲫鱼**

Tips

鲫鱼以2～4月和8～12月产者肥美。

105

原料 黑鱼1条

调料 料酒、姜片、五香粉、孜然、柠檬汁、盐、花椒、干红辣椒、八角、肉蔻、草果、香叶、葱、蒜、洋葱、色拉油各适量

做法
1 黑鱼切成片，用前6种调料腌制。
2 炒锅入底油烧热，依次下入花椒、干红辣椒、八角、肉蔻、草果、香叶煸出香味后放入葱、蒜，加少许水煮出香味。
3 砂锅内放入洋葱、油，将腌制好的黑鱼放在洋葱上，再将煮好的香料倒在鱼身上，煮10分钟至熟透入味。

黑鱼**香锅**

Tips

黑鱼以500克左右的肉嫩好吃。

鱼虾蟹贝——蒸炖烧

腊味合蒸

原料 腊鱼200克，腊鸡200克，腊肉200克，萝卜干适量

调料 酱油、豆豉、青蒜、朝天椒、鸡精、色拉油各适量

做法
1 腊鱼、腊鸡、腊肉分别改刀，备用。
2 锅中加少许油，依次下入腊鸡、腊鱼煸炒，加酱油，炒至肉的表面微黄时关火。
3 将萝卜干铺在盘底，将炒好的腊鱼和腊鸡放在上面。
4 再依次放上腊肉、豆豉、青蒜、朝天椒、酱油、鸡精，上笼蒸15～20分钟即可。

Tips
腊肉选瘦肉多的，以免太油腻。

原料 滑子菇100克，香菇100克，鱼丸200克，青红椒50克

调料 葱段10克，盐3克，胡椒粉2克，鸡粉4克，高汤、色拉油各适量

做法
1 滑子菇去蒂；香菇切块；青红椒切块。
2 锅加水烧开，下滑子菇、香菇分别焯水。
3 锅加油烧热，下葱段炝锅，放鱼丸、高汤烧沸，加滑子菇、香菇、青红椒烩10分钟，加盐、胡椒粉、鸡粉调味烧熟即可。

Tips
鱼丸也可以换成虾丸。

双菇烩鱼丸

盐水湖虾

原料 湖产青虾250克

调料 葱段、姜块、料酒、八角、盐、味精各适量

做法 青虾洗净入锅，加清水、葱、姜、料酒、八角、盐、味精烧沸，撇去浮沫即可，不宜久煮，以免肉质变老。

Tips
虾肉很嫩，视个头大小煮3分钟左右即可。

原料 粉丝100克，扇贝300克，青红椒50克，蒜蓉100克

调料 盐2克，鸡粉4克，胡椒粉2克，香油4克

做法
1 扇贝肉摘出洗净，粉丝用水泡好剪小段，青红椒切粒。
2 将盐、鸡粉、胡椒粉、香油、蒜蓉拌匀成料汁。
3 将粉丝放贝壳上垫底，再放贝肉，淋上料汁，撒上青红椒粒。
4 锅内加水烧开，放入扇贝盘，上笼蒸6分钟出锅即可。

Tips
调汁时，蒜蓉最好用油炸一下，味道会更香浓。

蒜蓉蒸扇贝

鸡公鱼婆豆腐

原料 草鱼1条，胡萝卜1根，北豆腐500克

调料 盐、料酒、淀粉、生抽、花椒、干辣椒、蒜、郫县豆瓣酱、辣椒酱、蒸鱼豉油、蚝油、白糖、香醋、鸡精、色拉油各适量

做法
1 草鱼切段，加前4种调料腌制入味。
2 锅加油烧热，下入花椒、干辣椒、蒜入锅煸炒出香味，放入郫县豆瓣酱、辣椒酱、蒸鱼豉油、蚝油和适量清水。
3 锅中汤料煮开前，下入腌好的鱼块，加入料酒、白糖、香醋、鸡精大火煮开。
4 放入胡萝卜和北豆腐，小火慢炖至熟。

Tips
草鱼腌5分钟左右即可。

107

原料 大带子1只，葱花、香菜、青红椒粒各少许

调料 鸡精1克，蒜蓉10克，豆豉20克，色拉油适量

做法
1 将带子开壳，取肉，用水洗净，在肉上剞十字花刀；豆豉入油锅炒香，调入蒜蓉、鸡精，用少许油拌和，成为豆豉酱。
2 将带子放入壳中，调入豆豉酱，上笼蒸2～3分钟，撒上青红椒粒、葱花、香菜即可。

Tips
带子一定要吃新鲜的，冷冻的大失风味。

豆豉蒸带子

鱼虾蟹贝——蒸炖烧

干烧鲫鱼

原料 鲫鱼500克，青红椒50克，胡萝卜50克，豌豆50克

调料 姜末5克，豆瓣酱60克，料酒、醋各10克，盐3克，高汤、色拉油各适量

做法
1 鲫鱼宰杀，去鳃、鳞、内脏洗净，打十字花刀。
2 豆瓣酱剁细末。青红椒、胡萝卜分别洗净切丁。
3 锅加油烧热，放入鱼煎至两面金黄色出锅。
4 锅内留底油，放姜末、豆瓣酱炒香，加高汤烧开，下鲫鱼煮至入味，放入青红椒、胡萝卜、豌豆，烹入料酒、醋。
5 加盐调味，待汤汁快干时，淋明油起锅即可。

鲫鱼很鲜，不需放味精。

家乡武昌鱼

原料 武昌鱼600克，青红椒丝各50克

调料 姜片5克，老干妈酱50克，料酒10克，醋8克，盐2克，味精2克，高汤、色拉油各适量

做法
1 武昌鱼宰杀，去鳃、鳞、内脏洗净，两面打上花刀。
2 锅内加油烧热，放入鱼煎至两面发黄捞出。
3 锅内留底油，炒香姜片、老干妈酱，加入高汤，放入武昌鱼烧沸，烹入料酒、醋。
4 加盐、味精调味，撒上青红椒丝，待汤汁烧干时即可。

Tips 武昌鱼具补虚、益脾、健胃之功效，一般人群均可食用。

原料 草鱼1条（约1000克），泡酸菜150克，葱丝、红椒丝各3克

调料 鸡蛋清2个，盐6克，味精5克，泡辣椒10克，白糖5克，料酒25克，花椒粉20克，白胡椒粉6克，熟猪油120克，清汤适量

做法
1 草鱼剁下头、尾，鱼肉片成0.2厘米厚的片，入盐、料酒、鸡蛋清抓好。泡酸菜、泡辣椒分别切菱形片。
2 锅置火上，下熟猪油50克、酸菜片炒干，加适量水炖5分钟后放入草鱼头、尾，待汤熬白之后，用漏勺捞出鱼头、尾和酸菜片，装入汤碗内垫底。
3 锅内入清汤烧沸，下入鱼片，待鱼片成形即捞入汤碗内，将汤加盐、白胡椒粉、味精、白糖调味，倒在鱼片上，撒上花椒粉、葱丝、红椒丝。
4 锅内下猪油70克，放泡辣椒片煸香，倒入汤碗中即可。

酸菜鱼

原料 草鱼尾400克，笋肉25克，水发香菇15克

调料 色拉油、葱白、姜片、绍酒、白糖、酱油、香油各适量

做法
1 将长约10厘米的草鱼尾顺尾脊对剖成2片，在尾肉上直斩3刀，使两条鱼尾相连成4长条，涂上酱油。笋肉、香菇切成长片。
2 色拉油烧至七成热，把鱼尾排齐，皮朝下入锅煎黄，倒入漏勺控油。
3 锅留底油烧热，将葱白、姜片略煸，放笋片、香菇片、鱼尾，加绍酒、白糖、酱油、水，约烧5分钟，用大火收汁，沿锅边淋入油，转动炒锅大翻身，淋上香油，起锅即成。

Tips

鱼尾煎好一面再翻动，不要频繁翻动，否则易碎。

烧鲇鱼

原料 活鲇鱼1条（500克）

调料 料酒15克，醋5克，酱油6克，盐1克，葱段25克，豆瓣葱6克，姜片15克，姜汁6克，味精3克，淀粉、清汤、蒜片、胡椒粉、色拉油各适量

做法
1 将活鲇鱼放在水盆中活养两三天，杀死后去头、尾、内脏，洗净，捽干水分，放在盆里，加入料酒、盐、葱段、姜片略腌。
2 淀粉加水和盐先调成糊状。清汤、料酒、酱油、姜汁、醋、味精、调好的淀粉糊、蒜片、豆瓣葱、胡椒粉，调匀成芡汁。
3 炒锅里放入油烧至三四成热，把腌好的鱼块放入油锅中炸成金黄色，捞出控净油，再放回炒锅中翻炒几下，倒入调好的芡汁，用旺火翻炒，见芡汁均匀地挂在鱼块上，烹上醋即成。

鲇鱼的黏液可用沸水烫去。

蒜头烧鲇鱼

原料 鲇鱼2条，大蒜1头

调料 菜籽油、姜、葱、绍酒、酱油、高汤、盐、味精各适量

做法
1 鲇鱼剖腹、去内脏，洗净，切成半寸长段。
2 锅内放菜籽油烧热，放入姜、葱、蒜瓣炸香后，放鲇鱼、酱油、绍酒高汤，烧开后转小火焖半小时，出锅前转大火收稠汤汁，放盐、味精略烧即可。

Tips
1 灰色或黑色的鲇鱼腥味较重，不要购买。
2 用菜籽油可使汤色乳白。

原料 鱼子300克，鱼鳔200克，青椒丝、红椒丝各适量

调料 色拉油、葱段、姜片、蒜瓣、酱油、黄酒、白糖各适量

做法
1 鱼子和鱼鳔洗净后待用。
2 锅烧热，放入少许色拉油，加葱段、姜片、蒜瓣、青椒丝、红椒丝炒香，加入鱼子和鱼鳔，放入黄酒、酱油、白糖、清水，没过鱼杂，加盖煮10分钟，再用大火烧到汁稠入味，起锅装碗即可。

 Tips
1 也可加入鱼肠一起烧，口感筋道。
2 鱼杂腥味重，多加些黄酒。

烧鱼杂

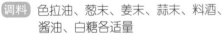

原料 大带鱼500克，姜丝、红椒丝各少许

调料 色拉油、葱末、姜末、蒜末、料酒、酱油、白糖各适量

做法
1 带鱼切段，控干水分，用料酒、酱油腌渍15分钟。
2 带鱼入滚油中煎，小心地用铲子浇油上去，这样不会破皮，煎至两面焦黄，起锅滤油。
3 锅留底油，加葱末、姜末、蒜末煸炒出香味，加入煎好的鱼，放入料酒、酱油、白糖、清水，没过鱼身，加盖，煮5分钟，再用大火烧，看到汁稠入味，起锅装入碗中，撒上姜丝、红椒丝即可。

 Tips

用白酒去腥效果更好。

红烧带鱼

鱼虾蟹贝 —— 蒸炖烧

清蒸武昌鱼

原料 武昌鱼500克

调料 盐3克，料酒10克，鸡精2克，姜丝5克，生抽15克，猪油适量

做法
1 武昌鱼宰杀洗净，在脊背两边从头到尾划开到脊骨，加盐、料酒、鸡精码味。

2 武昌鱼肚子掰开，立在盘子里，放上姜丝入笼蒸5分钟，浇上生抽。

3 锅放入猪油烧至九成热，淋浇在鱼上即可。

Tips

盘中放上大葱段，可将鱼架空，有利于受热均匀。

剁椒鱼头

原料 鲢鱼头1个（约1000克）

调料 盐、红油、姜片、湖南特制剁椒、葱花各适量

做法
1 将鱼头洗净，去鳃，去鳞，从鱼唇正中一剖为二。

2 将盐均匀涂抹在鱼头上，腌5分钟后，将剁椒涂抹在鱼头上。

3 在盘底放上姜片，将鱼头放在上面，入蒸锅蒸15分钟，出锅后，将葱花撒在鱼头上，浇上烧热的红油即可食用。

Tips

鱼头劈开但不要劈断。

原料 小龙虾适量

调料 高汤、味精、八角、花椒、绍酒、姜、葱、盐、酱油、色拉油各适量

做法 1 小龙虾去掉小爪，剪去虾须，洗净后擦干，入油锅焐熟。

2 锅中加入前9种调料及小龙虾，煮至入味即可。

Tips 1 小龙虾若是活的，最好在清水中养两天，促使其吐出污物。
2 要煮熟透，方可有效杀菌。

盐味龙虾

原料 草鱼1条（约1250克），辣椒100克，黄豆芽500克，青蒜段10克

调料 花椒粉30克，水淀粉10克，鸡蛋1个，盐10克，香油5克，胡椒粉3克，味精3克，芥末油3克，色拉油适量

做法 1 将鱼从尾部脊骨平片为二，去骨、头、尾，再斜切成片，入碗加盐、味精、鸡蛋、水淀粉码味，抓匀。

2 黄豆芽加盐炒熟，倒入盆内垫底。

3 锅内加水烧沸，加少许盐，下入鱼片，待鱼片发白捞出，倒在豆芽上面，然后撒上花椒粉、辣椒、胡椒粉、青蒜段，淋上芥末油和香油。

4 再倒入烧至120℃的色拉油在盆内即可。

Tips 煮鱼片的水量刚刚淹没鱼片即可。

水煮鱼

油焖大虾

原料 大虾400克

调料 色拉油、葱花、姜末、蒜末、料酒、酱油、盐、白糖各适量

做法
1 将大虾剪掉虾须，抽掉沙线，洗净，控干，入热油锅中炸至外壳酥脆。
2 炒锅置旺火上，下少许色拉油，用葱花、姜末、蒜末炝锅后下入大虾，加入料酒、酱油、盐、白糖，加盖焖几分钟至汤汁稠浓，起锅装盘即成。

 Tips
炒虾时用铲子轻按虾头，容易出虾油，色好味鲜。

葱烧海参

原料 水发海参500克，葱白100克，油菜适量

调料 盐3.5克，味精2克，酱油15克，水淀粉15克，姜汁5克，糖色5克，料酒20克，清汤、熟猪油各适量

做法
1 海参切成条，放入沸水中汆烫，捞出控水；葱白切成3厘米长的段；油菜切宽条。
2 锅置火上，加油烧至八成热，投入葱白段炸成黄色，捞出控油，葱油留5克备用。
3 锅内放入清汤、料酒、姜汁烧沸，再把海参条放入锅内，煮片刻，捞出控干。
4 在煮海参的汤中加入熟猪油、酱油、糖色、盐、味精，烧开后去浮沫，再下入海参条、葱白段、油菜条烧沸，加盖改小火焖5分钟，再改旺火收汁，用水淀粉勾芡，淋葱油装盘即可。

原料 草鱼1条（约600克）

调料 盐5克，味精3克，料酒10克，姜片5克，生抽10克，香菜、色拉油各适量

做法 1 草鱼宰杀洗净，用盐、味精、料酒腌制10分钟，从背往下切到肚皮，不要切断，每隔1厘米切一刀。

2 取圆盘1个，鱼卷在盘里成圆形，尾巴靠在头后面，放上姜片，入笼用大火蒸5分钟。

3 取出淋入生抽，撒上香菜，浇入九成热的油即可。

Tips 草鱼蒸好后将盘中汁倒除重新调味，可进一步除腥。

清蒸草鱼

干烧明虾

 原料 明虾400克

调料 葱花、姜末、蒜泥、料酒、酱油、盐、糖、色拉油各适量

做法 1 大虾剪掉虾须，抽掉沙线，洗净沥干，入热油锅中炸至外壳酥脆。

2 油锅烧热，用葱花、姜末、蒜泥炝锅后放入虾，加入料酒、酱油、盐、糖，加盖焖几分钟至汤汁稠浓即可。

Tips 用大火烹调，容易入味。

 原料 黄颡鱼500克

调料 色拉油、老干妈香辣酱、糖、料酒、葱花、蒜泥、姜末、香油、香醋各适量

做法 1 将黄颡鱼去鳃和内脏，洗净后用开水烫去黏液，再洗净待用。

2 锅放油烧热，将葱花、姜末、蒜泥、老干妈香辣酱煸炒均匀，投入黄颡鱼，加料酒、糖、清水烧开，盖上盖，用小火焖20分钟后，改大火收汁，淋入香油和香醋，起锅装盘即可。

老干妈黄颡鱼

Tips 黄颡鱼背上的硬刺有毒，宰杀时须小心。

鱼虾蟹贝——蒸炖烧

116

芋头黄腊丁

原料 黄腊丁4条（大的2条即可），大芋头半个，泡姜、泡椒各适量

调料 盐、料酒、葱段、永川豆豉、高汤、糖、酱油、淀粉、醋、红油、胡椒粉、葱花、色拉油各适量

做法
1 泡姜、泡椒均切末。芋头削皮，切成小块，蒸熟。
2 黄腊丁处理干净，加盐、料酒腌渍30分钟，揾干水分，入七成热油锅中过油捞出。
3 锅留底油，放入葱段、泡姜末、泡椒末，再放入豆豉炒香，加入黄腊丁、高汤、盐、糖、料酒、酱油，大火烧沸，小火烧至八成熟，加入芋头煮5分钟，大火收汁，勾芡，淋上醋、红油，撒胡椒粉、葱花即可。

Tips

黄腊丁头两侧的硬刺要小心去除，注意不要刺到手。

原料 基围虾300克，香菜少许

调料 美极鲜酱油20克，黄酒10克，香油3克

做法
1 锅置火上，加水、黄酒烧沸，下入虾，去浮沫，至虾变红色后立即捞出，沥水装盘，以香菜作装饰。
2 取一小碟，倒入美极鲜酱油，滴上香油，作味碟跟虾一起上桌。

白灼虾

Tips

可用黄酒或白酒去腥提味，料酒则口感差一些。

麻辣泥鳅

原料 活泥鳅400克

调料 盐、干辣椒、葱段、姜片、蒜片、料酒、鸡精、糖、酱油、五香粉、花椒粉、香油、色拉油各适量

做法
1 泥鳅洗净，加盐腌渍后沥干，下油锅炸至发红，捞入漏勺沥油。
2 油锅烧热，下干辣椒炸出红油，放葱段、蒜片、姜片、料酒、鸡精、糖、酱油、五香粉、水及炸好的泥鳅，烧开后改小火煮至汁将收干时，不断翻锅并撒入花椒粉，淋香油即可。

Tips

泥鳅土腥味重，最好先用水养几天吐泥沙，注意避光。

原料 草鱼1条（约650克），里脊丁50克，香菇丁50克，冬笋丁50克

调料 姜末3克，盐4克，酱油8克，醋5克，料酒10克，鸡粉3克，干淀粉少许，水淀粉10克，高汤、色拉油各适量

做法
1 草鱼两面打上花刀，拍少许干淀粉。
2 锅内加油烧至八成热，放入草鱼炸至金黄色，捞出沥油。
3 锅内留底油，炒香姜末、里脊丁、香菇丁、冬笋丁，加入高汤、盐、酱油、醋、料酒、鸡粉烧沸，放入草鱼烧至入味捞出装盘。
4 原汁用水淀粉勾芡，点明油浇在鱼身上即可。

Tips

炸鱼油量要多，不然易煳底。

红烧草鱼

原料 海蟹800克，面粉250克，鸡蛋1个，毛豆50克

调料 盐、葱丝、姜丝、酱油、白糖、料酒各适量

做法
1 将海蟹用小刷子刷净，去爪尖，打开蟹脐并挤出黑色排泄物，剪下大钳，从中间斩开。
2 将面粉、鸡蛋、盐放入盆内，用凉水调成糊状备用。
3 锅加油烧热，将每块蟹的切面挂上面糊，依次放入锅内，待煎至微黄色时，放入蟹钳，翻炒成红色。
4 加入葱丝、姜丝，微炒出香味后加入酱油、白糖翻炒片刻，加热水淹没蟹块，放入毛豆，加盖用中火炖约10分钟，加料酒，继续焖片刻。
5 将剩余的面糊加水调成稀糊，倒入锅内，不停翻炒，直至蟹块全部挂糊即可。

鱼虾蟹贝 —— 蒸炖烧

面拖蟹

茄子煲鱼条

原料 鲈鱼半条，茄子半个，红尖椒1个

调料 料酒、盐、淀粉、姜末、蒜瓣、味精、高汤、胡椒粉、蚝油、葱花、色拉油各适量

做法
1 茄子去皮，切成条；草鱼处理干净，取肉，切成条，加料酒、盐、淀粉腌渍10分钟，入五成热油中滑油，捞出沥油。红尖椒切丁。
2 锅留底油，下入姜末、蒜瓣煸香，下茄子条翻炒，加盐、味精、少许高汤，再放入鱼条焖3分钟，加入红椒丁、胡椒粉，淋入蚝油，撒葱花即可。

Tips
这道菜最好用刺少的鱼。

原料 草鱼1条，油麦菜100克

调料 干辣椒、花椒、料酒、水淀粉、盐、鸡精、葱、姜、蒜、郫县豆瓣酱、白糖、生抽各适量

做法
1 将干辣椒和花椒放入油中炸酥脆后剁成碎末备用。
2 草鱼片成鱼片，加料酒、水淀粉、盐、鸡精拌匀。
3 锅中煸香葱、姜、蒜，下郫县豆瓣酱，放一点开水，开锅后放一点白糖、鸡精、生抽，下鱼片，中小火煮熟，倒在事先焯好的油麦菜上，再撒上蒜末、辣椒花椒碎、葱花。
4 另起锅，烧热炸过花椒和干辣椒的油，泼在葱花上即可。

Tips
也可到超市买四川产的麻辣鱼调料直接用。

重庆麻辣鱼

红烧甲鱼

原料 甲鱼1只（1000克），五花肉、鸡肉各250克

调料 姜片、葱白、盐、酱油、料酒、鲜汤、胡椒粉、蒜、味精、香油、猪油各适量

做法
1 甲鱼治净，切成块，漂洗干净。
2 五花肉洗净，切块；鸡肉切成块；将五花肉、鸡肉一起入沸水中焯水、捞出。
3 锅放猪油烧至六成热，将姜片、葱白炸出香味，放入鸡肉、五花肉炒匀，加甲鱼、盐、酱油、料酒、鲜汤用小火煮熟，放入胡椒粉、蒜，将汁收浓，然后拣去姜、葱及五花肉和鸡肉不用，将甲鱼捞入盘中，再将味精、香油放入汤汁内，浇在甲鱼上即可。

Tips
此菜最好用雌甲鱼，油脂多，肉质肥。

鲈鱼1条，藕200克

调料 干辣椒、花椒、白酒、料酒、盐、干淀粉、葱、姜、蒜、鸡精各适量

做法 1 凉锅凉油放入切好的干辣椒，变色后将干辣椒一半量的花椒放入微炒出香味，并放入兑清水的白酒熬煮30分钟成糊辣油，熬煮期间每间隔10分钟再加入1勺白酒。

2 将鲈鱼切片，放入料酒腌制10分钟，并用清水洗净。藕切丁，炒熟。

3 将鱼片加盐、料酒、干淀粉腌制入味，并放入熬好的糊辣油中煮制。

4 待鱼片变色，加葱、姜、蒜、鸡精调味，放入提前炒好的藕丁即可。

糊辣藕丁鱼

原料 蛏子500克，青红椒粒各30克

调料 蒜蓉20克，盐5克，生抽5克，味精8克，色拉油适量

做法 1 蛏子洗净。蒜蓉加盐、生抽、味精拌匀。

2 蛏子装入盘中，撒上蒜蓉入笼蒸3分钟取出，撒上青红椒粒。

3 油烧至九成热，淋入盘中即可。

 Tips

蒜蓉可取一半炸过，拌后蒸出来味道更好。

蒜蓉蛏子

原料 鲤鱼500克，青红椒丝各10克，葱段适量

调料 盐、料酒、香油各适量，葱丝10克，姜丝10克，生抽10克

做法 1 鲤鱼宰杀，去鳃、鳞、内脏，洗净，打柳叶花刀，加盐、料酒略腌。

2 鲤鱼装入盘中上笼蒸熟，取出撒上葱丝、姜丝、青红椒丝，浇上生抽。

3 锅内加香油烧至九成热，加葱段炸香，将油淋在鱼上即可。

Tips

鲤鱼要把身体两侧的筋抽掉，方可除去腥味。

葱油鲤鱼

原料 泥鳅400克

调料 干辣椒、花椒、葱段、姜片、料酒、盐、味精、老抽、糖、醋、花椒油、小葱白段、白芝麻、色拉油各适量

做法 1 干辣椒掰成小段。泥鳅处理洗净，切成7厘米长的段，加盐、料酒、葱段、姜片腌渍30分钟。

2 锅加足量油，烧至七成热，泥鳅振干，入油锅中炸至变色即捞出沥油。

3 锅留底油，放干辣椒、花椒、葱段、姜片炒香，放泥鳅、料酒、盐、味精、老抽、糖、醋，大火烧沸，改小火烧熟，大火收汁，淋花椒油，撒小葱白段、白芝麻即可。

花椒泥鳅

干锅黄腊丁

原料 中等大小黄腊丁2条，青椒、红椒各1个

调料 姜片、蒜瓣、料酒、盐、味精、辣妹子辣酱、醋、色拉油各适量

做法
1 黄腊丁去内脏、去头部两侧的硬刺，洗净，入七成热油锅中炸至金黄，捞出沥油。青椒、红椒切小菱形片。
2 锅留底油，放姜片、蒜瓣煸香，放入黄腊丁，倒入能没过鱼面的水，加料酒、盐、味精、辣妹子辣酱、少许醋炖熟，加入青椒片、红椒片，倒入干锅中即可。

Tips
家庭中没有干锅，则用大火收干汤汁即可。黄腊丁头部两侧的硬刺要小心去除。

120

原料 乌江鱼1条，冬菇、冬笋各适量

调料 盐、料酒、胡椒粉、葱、姜、淀粉、茴香、草果、肉桂、麻椒、辣椒、辣酱、甜面酱、白糖、香醋、花生米、色拉油各适量

做法
1 乌江鱼剁成块，用盐、料酒、胡椒粉、葱、姜、淀粉腌制入味后炸至金黄。
2 茴香、草果、肉桂加水浸泡成香料水。
3 冬菇、冬笋焯水。
4 炒锅炒制麻椒、辣椒，加入辣酱、甜面酱，放入冬菇、冬笋，再放入香料水、白糖。
5 倒入鱼块一起炖煮，临出锅淋上香醋，撒上炸好的花生米即可。

香辣乌江鱼

豆瓣鱼条

原料 草鱼1条（800克左右）

调料 盐、料酒、淀粉、郫县豆瓣酱、姜片、蒜片、高汤、糖、葱段、葱花、色拉油各适量

做法
1 鱼肉处理干净，切成大条，放入盐、料酒腌渍一会儿，揉干水分，沾上淀粉。
2 入足量油中炸至金黄，捞出沥油。
3 锅留底油，放入豆瓣酱、姜片、蒜片炒香，加入鱼条，加入刚淹没鱼条的高汤，加少许糖、葱段，煮沸后小火烧至入味，大火收汁，勾芡，撒葱花即可。

原料 鳗鱼1条（约1500克）

调料 葱段10克，姜片10克，白酒（38度）100克，红糟500克，盐15克，白糖25克

做法
1 鳗鱼治净，洗净后擦干。
2 红糟、白酒、盐、白糖拌匀，涂抹在鳗鱼两面，装入坛中，上面撒葱段和姜片，腌制24小时，取出吊在通风处吹干。
3 鳗鱼切成长5厘米的段，蒸熟，刮去红糟，撕成小片即可。

Tips
红糟是福建的特产，香味独特，富有营养。

香糟鳗鱼

原料 牛蛙500克

 调料 盐、味精、泡椒、姜片、红油、葱花各适量

做法 1 牛蛙剁成块，加入盐、味精腌制10分钟。

2 泡椒涂抹在牛蛙上。在盘底放上姜片，将牛蛙放上面。

3 牛蛙入笼蒸15分钟，将葱花撒在牛蛙上，浇上红油即可。

Tips

牛蛙一定要鲜活的，否则口感差异很大。

泡椒牛蛙

原料 鳕鱼1大块（300克）

调料 鸡蛋清1个，干淀粉20克，鲍鱼汁6克，辣椒油4克，盐1克，糖3克，酱油3克，水淀粉10克，色拉油适量

做法 1 鳕鱼沾上鸡蛋清，拍匀淀粉。

2 锅加油烧至五成热，下鳕鱼炸至金黄色捞出。

3 锅加油烧热，放鲍鱼汁、辣椒油、盐、糖、酱油调匀，放入鳕鱼烧8分钟，用水淀粉勾芡即可。

Tips

鳕鱼肉质细嫩，不可总翻动，否则易碎。

红烧银鳕鱼

 原料 竹蛏10只，葱花、香菜各少许

 调料 盐2克，鸡精1克，蒜蓉10克，豉油汁、色拉油各少许

做法 1 将竹蛏开壳取肉，去除黑衣，用水洗净。

2 蒜蓉加盐、鸡精调味，入油炸香，浇在带壳竹蛏上，上笼蒸2～3分钟，淋少许豉油汁，撒葱花、香菜点缀即可。

Tips

可加些粉丝蒸，也很好吃。

蒜蓉蒸竹蛏

 原料 带鱼300克

 调料 料酒、淀粉、胡椒粉、干辣椒、花椒、八角、盐、葱段、姜片、高汤、糖、味精、香油、色拉油各适量

做法 1 带鱼洗净揩干，加料酒、淀粉、胡椒粉略腌。

2 入七成热油锅中炸至金黄色，捞出沥油。

3 锅留底油，放入干辣椒、花椒、八角煸出香味，放入少许盐、料酒、葱段、姜片、带鱼、高汤或水、少许糖，大火烧沸改小火烧至入味，加味精、淋香油即可。

麻辣带鱼

原料 大虾300克，陈皮10克

调料 干辣椒、花椒、葱段、姜片、蒜蓉、高汤、料酒、盐、味精、糖、醋、色拉油各适量

做法
1 虾去虾线、须、脚，洗净。陈皮入水中浸泡10分钟。干辣椒掰成小段。
2 锅加足量油，烧至七成热，放入虾炸至刚变色，捞出沥油。
3 锅留底油，加入干辣椒、花椒、陈皮、葱段、姜片、蒜蓉小火炒香，加入少许高汤，沸后加入虾、料酒、盐、味精、糖，改小火煮3分钟，大火收汁，淋醋即可。

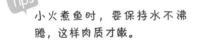
秘制陈皮虾

原料 活草鱼1条（约600克）

调料 姜段、葱块、料酒、白糖、盐、陈醋、酱油、胡椒粉、水淀粉、香油、色拉油各适量

做法
1 将草鱼剖净，由鱼肚剖为两片（注意不可切断），放进锅中，注满清水，加葱段、姜块和料酒煮滚后，用小火焖10分钟，盛盘。
2 烧热油锅，放葱段、姜块爆香，然后把葱段、姜块去掉，将葱姜油倒入碗中。
3 锅中加清水、白糖、盐、陈醋、酱油、料酒、胡椒粉煮滚，用水淀粉勾芡，再注入葱姜油，盛起淋在鱼上，淋上香油即可。

Tips
小火煮鱼时，要保持水不沸腾，这样肉质才嫩。

西湖醋鱼

红烧小龙虾

原料 小龙虾750克，姜片50克，干辣椒段30克，葱段75克

调料 盐、八角、桂皮、黄酒、酱油、色拉油各适量

做法
1 小龙虾治净。
2 锅中倒入油少许，放入姜片、干辣椒段、葱段、八角、桂皮略煸，再放入小龙虾、盐、黄酒煸至变色，加入酱油、清水烧沸，撇去浮沫，焖至入味即可。

Tips
小龙虾放入滴入几滴香油的水中养一半天，可吐净污物。

原料 昂刺鱼（黄颡鱼）2条（每条约250克），豆腐片100克

调料 葱段、姜片、黄酒、盐、胡椒粉、色拉油各适量

做法
1 昂刺鱼宰杀，去鳃洗净。
2 油锅烧热，放入葱段、姜片、昂刺鱼稍煸炒，加入清水、黄酒，烧沸后撇去浮沫，加盖焖至鱼肉熟，加入豆腐片、盐，拣去葱段、姜片，撒入胡椒粉即可。

Tips

黄颡鱼肉质细嫩，不可总翻动。

昂刺鱼豆腐汤

咸菜墨鱼煲

原料 墨鱼200克，咸菜茎100克

调料 葱段、姜片、黄酒、盐、鲜汤、胡椒粉、色拉油各适量

做法
1 将墨鱼撕去黑膜，批切成片，放入沸水中烫片刻，洗净。
2 锅置火上，倒入色拉油烧热后，放入葱段、姜片、咸菜茎、墨鱼煸香，加入黄酒、鲜汤烧开，倒入煲中，加盖，转小火焖20分钟后，加入盐，拣去葱段、姜片，撒上胡椒粉即成。

Tips

颜色偏灰白，而非雪白，肉按上去有弹性的是新鲜墨鱼。

原料 大黄鱼1条（约650克），雪菜100克，熟笋片50克

调料 熟猪油、葱段、姜片、蒜、料酒、盐、色拉油各适量

做法
1 黄鱼治净，在鱼身两面划花刀；雪菜泡水后切成细粒，入油锅中煸炒后待用。
2 烧热锅，放熟猪油烧至七成热，将姜片、葱段、蒜爆香，将黄鱼入锅略煎，加料酒、适量滚水，加盖焖烧约5分钟，汤汁呈乳白色时拣去葱、姜，放入笋片、雪菜，加盐调味即可。

Tips

简单区分大小黄鱼的方法是：大黄鱼口圆，小黄鱼口尖。

雪菜大黄鱼汤

鱼虾蟹贝——汤煲

虾皮紫菜汤

原料 紫菜、虾皮各25克，枸杞子适量

调料 高汤、盐、酱油、胡椒粉、香油各适量

做法 锅置火上，放入高汤，撕碎的紫菜、洗净的虾皮同放入锅中，加入盐、酱油烧沸，撒入胡椒粉，淋上香油，点缀枸杞子即可。

Tips

虾皮的补钙效果非常好，价格又低廉，性价比极高。

原料 水发鱿鱼丝250克

调料 葱花、姜末、蒜泥、清汤、绍酒、酱油、醋、盐、水淀粉、胡椒粉、色拉油各适量

做法 1 鱿鱼丝洗净，放在碗中。
2 油锅烧热，放入葱花、姜末、蒜泥炸香，加入清汤，放鱿鱼丝，调入绍酒、酱油、醋、盐，烧沸后撇去浮沫，淋入水淀粉，勾成薄芡，撒入胡椒粉即可。

Tips

或用鲜鱿鱼，要把表面的皮膜撕去。

酸辣鱿鱼汤

莴笋河虾汤

原料 河虾100克，莴笋50克

调料 葱段、姜片、黄酒、盐、清汤、胡椒粉、色拉油各适量

做法 锅置火上，倒入色拉油烧热后，放入葱段、姜片煸香，加入清汤、黄酒、河虾、莴笋烧沸后，加入盐，拣去葱段、姜片，撒入胡椒粉，起锅倒入汤碗中即成。

Tips

河虾个小肉嫩腥味少，海虾个大肉略粗，腥味重些。

原料 胖头鱼鱼头1个（约250克），豆腐300克，姜丝少许

调料 黄酒、盐、葱段、姜片、胡椒粉、色拉油各适量

做法 1 豆腐切厚片，入沸水烫5分钟后沥干待用。
2 鱼头去鳞、鳃，治净，抹上黄酒、盐，腌渍10分钟。
3 锅放火上，入油烧热，爆香葱段、姜片，将鱼头两面煎黄，入适量水，加盖煮5分钟，放入豆腐片，加盐调味后装入碗中，撒上胡椒粉和姜丝即可。

鱼头豆腐汤

原料 鲫鱼1条（约250克），豆腐300克

调料 料酒、葱段、姜片、盐、胡椒粉、香菜、混合油（熟猪油和豆油混合）各适量

做法 1 豆腐切片，入沸水烫5分钟，沥干待用。
2 鲫鱼洗净，抹上料酒、盐腌10分钟。
3 锅放混合油烧热，爆香葱段、姜片，将鱼两面煎黄，加适量水，加盖煮5分钟，放入豆腐片，加盐调味后装入碗中，撒上胡椒粉和香菜即可。

鲫鱼豆腐汤

萝卜丝鲫鱼汤

原料 鲫鱼1条（约250克），白萝卜150克

调料 料酒、盐、熟猪油、胡椒粉、葱段、姜片各适量

做法 1 鲫鱼治净；萝卜去皮，切成粗丝，用沸水煮后，入清水中漂凉。
2 将锅烧热，加熟猪油，投入葱段、姜片略煸后，放入鲫鱼略煎即翻身，加料酒、清水，旺火煮沸，去掉浮沫，加入萝卜丝，加盖用旺火烧10分钟，再加入盐、胡椒粉即可。

 Tips

谚语有"秋冬萝卜赛人参"的说法，适合秋冬多吃。

原料 鲫鱼1条（约250克），百合100克，红枣5颗

调料 料酒、葱段、姜片、盐、胡椒粉、色拉油各适量

做法 1 百合剥开，入沸水烫5分钟后沥干；红枣泡开待用。
2 鲫鱼去鳞、鳃、肠杂，洗净，抹上料酒、盐，腌渍10分钟。
3 锅置火上，放入色拉油，爆香葱段、姜片，将鱼两面煎黄，加适量水，加盖煮5分钟，放入百合、红枣略煮，加盐调味后装入碗中，撒上胡椒粉即可。

百合鲫鱼汤

125

山药鲫鱼汤

原料 鲫鱼1条（约200克），山药200克，枸杞子适量

调料 黄酒、姜片、葱段、盐、色拉油各适量

做法 1 鲫鱼宰杀，洗净，切成大块；山药去皮，煮熟后用清水浸泡，捞出切成条。
2 油锅烧至八成热，放入鲫鱼煎至微黄，放入水、黄酒、姜片、葱段、盐，煮沸后加入山药条、枸杞子，再烧5分钟即可。

 Tips

此汤可补虚，又有通络催乳之功效。

鱼虾蟹贝——汤煲

砂锅酥鱼汤

原料 鲫鱼1条（约200克），豆腐片100克，青菜50克

调料 姜片、葱段、黄酒、盐、高汤、色拉油各适量

做法 1 鲫鱼宰杀，洗净，切成大块；青菜洗净、切段。

2 油锅烧至八成热，放入鲫鱼炸至微黄，倒入漏勺沥去油。

3 砂锅置火上，投入姜片、葱段煸香，放入鲫鱼、高汤、黄酒、盐煮沸，加入豆腐，再烧5分钟，放入青菜略烧即可。

Tips

鲫鱼含优质蛋白，且脂肪少，有健脾、活血通络之效。

原料 鲈鱼1条（约500克）

调料 葱段、姜丝、料酒、盐、胡椒粉、色拉油各适量

做法 1 鲈鱼治净，切成大块，再洗净。

2 锅放油烧热，将葱段、姜丝爆香，入鱼块煸炒，加入料酒、水烧开后，撇去浮沫，用中火烧5分钟，加入盐调味，起锅装入大碗中，拣去葱段，撒上胡椒粉即成。

Tips

鲈鱼肉质细腻味小，营养丰富，尤以秋末冬初最为肥美。

姜丝鲈鱼汤

芙蓉银鱼汤

原料 小银鱼200克，鸡蛋2个（取蛋清），枸杞子少许

调料 葱段、姜片、黄酒、盐、清汤、色拉油各适量

做法 1 将小银鱼拣去杂质，洗净。鸡蛋清搅拌均匀。

2 锅置火上，倒入色拉油烧热后，放入葱段、姜片、小银鱼稍煸炒；加入清汤烧沸后，倒入鸡蛋清、黄酒、枸杞子，再沸时撇去浮沫;加入盐，拣去葱段、姜片，起锅倒入汤碗中即成。

Tips

1 银鱼含钙丰富，被列为长寿食品。

2 银鱼不可挑选太白的，正常的白中稍带黄。

原料 鲈鱼1条，枸杞子25克

调料 料酒、盐、葱、姜各适量

做法 1 鲈鱼刮鳞，去鳃、内脏洗净，背部切一字花刀，抹上料酒、盐腌渍15分钟。
2 葱切段，姜切片，塞入鱼腹内。
3 汤锅中放入鲈鱼，加水没过鱼，大火烧开，小火烧30分钟，加入盐、枸杞子调味后再煮10分钟即可。

Tips
鲈鱼挑选750克的最佳。

枸杞鲈鱼汤

酸汤鱼

原料 鲤鱼1条（约1000克），酸汤1000克，黄豆芽20克，辣椒粒适量

调料 辣椒粉5克，木姜子油3克，姜末3克，盐5克，葱末8克，香油适量

做法 1 鲤鱼去鳞及内脏，洗净，切大块。
2 锅置火上，加入酸汤烧开，将鱼块放入锅中煮15分钟，下入洗净的黄豆芽，再煮5分钟，即可装入碗中。
3 将辣椒粉、木姜子油、姜末、葱末、盐、香油、酸汤调汁，浇入鱼碗中，撒上辣椒粒装饰即可。

鲤鱼是发物，有慢性病者忌食。

127

原料 开洋（虾米）15克，老豆腐条100克，火腿肠条100克

调料 高汤、盐、香油各适量

做法 锅中倒入高汤，放入虾米，煮至酥烂，加老豆腐条和火腿肠条煮沸，放盐调味，盛入碗中，淋上香油即可。

1 虾米用冷水泡5分钟即可。
2 虾米呈淡红色或淡黄黄是正常的，太红的可能是染色的。

开洋豆腐汤

鱼虾蟹贝——汤煲

粉皮鱼头汤

原料 胖头鱼鱼头300克，水发粉皮150克

调料 葱段、姜片、黄酒、高汤、盐、胡椒粉、色拉油各适量

做法
1 鱼头去鳃洗净，斩成两片。
2 煲置火上，倒入色拉油烧热后，放入葱段、姜片、鱼头煸一会儿，再加入黄酒、高汤，大火煮沸，盖上盖，转中火焖半小时，加入粉皮、盐，再烧2分钟，拣去葱段、姜片，撒上胡椒粉即可。

Tips

鱼头先炒一下可使汤汁乳白。

原料 泥鳅200克，豆腐2块

调料 熟猪油、葱段、姜片、盐、胡椒粉、香菜、葱花各适量

做法
1 泥鳅宰杀、去内脏，用开水烫后刮洗干净。
2 锅烧热，放入熟猪油，将葱段、姜片爆香，放入泥鳅煎香后加开水、豆腐，慢火煮30分钟，加入盐、胡椒粉调味，起锅装入大碗中，放上香菜，撒上葱花即可。

Tips

泥鳅肉质鲜美，营养丰富，是高蛋白低脂肪食品。

泥鳅豆腐汤

牛蒡黑鱼汤

原料 黑鱼1条（约600克），牛蒡150克，枸杞子少许

调料 熟猪油、葱段、姜片、料酒、盐各适量

做法
1 黑鱼洗净，切成大块，再洗净，控干水分待用；牛蒡去皮切块，入沸水中焯水后控净水，待用。
2 锅烧热，放熟猪油，将葱段、姜片爆香，再放鱼块，慢慢翻动鱼块，适当多煎一会儿。
3 然后加入料酒、冷水、牛蒡、枸杞子，改中火，加盖烧20分钟，放入适量盐即可。

Tips

牛蒡不要挑选过粗或过细的，居中的较好，可置于阴凉处存放。

原料 黑鱼1条（1000克左右），干辣椒100克，芹菜1棵

调料 盐、味精、料酒、胡椒粉、葱段、姜片、蒜片、花椒、白芝麻、色拉油各适量

做法
1 芹菜切段；黑鱼宰杀洗净，切大块，加盐、味精、料酒、胡椒粉腌制半个小时。
2 黑鱼入七成热油锅炸至金黄，捞出沥油。
3 锅留底油，放入葱段、姜片、蒜片、干辣椒、花椒煸炒出香味，放鱼块、芹菜爆炒匀，撒白芝麻即可。

辣子鱼

原料 腊鱼1条

调料 干辣椒、花椒、葱段、姜片、蒜蓉、高汤、糖、生抽、香葱花、色拉油各适量

做法
1 腊鱼切成小块，温水浸泡1小时，捞出搌干水分。
2 锅多加一点油烧热，放入腊鱼煎至两面金黄，盛出。
3 锅留底油，放入干辣椒、花椒，小火炒出香味，再放葱段、姜片、蒜蓉炒一下，加入腊鱼、少许高汤、糖、生抽炖5分钟，撒香葱花即可。

糍粑鱼

原料 大虾200克，蒜150克

调料 盐3克，料酒10克，椒盐5克，色拉油适量

做法
1 虾去壳、沙线，放盐、料酒腌渍入味；蒜切片。
2 平底锅加油烧热，先放蒜略炒香，再放虾一起煎。
3 等到虾煎熟、蒜变微黄，撒椒盐炒匀即可。

Tips
椒盐要适量不要太多，蒜变色就可以，不宜时间过长。

干煎蒜子大虾

鱼虾蟹贝——煎炸

葱烤**鲫鱼**

原料 鲫鱼500克，大葱100克

调料 盐、味精、料酒、孜然粉、辣椒面、色拉油各适量

做法
1 鲫鱼去鳞、腮，从背部开口，去掉内脏洗净，加盐、料酒、味精腌制10分钟。撒上孜然粉、辣椒面抹匀。
2 大葱劈开，铺在竹篦上，再把腌好的鱼放在大葱上，鱼身再放一层大葱，盖上竹篦，用竹扦别好。
3 油烧至七成热时，放入鲫鱼炸至酥香捞出即可。

也可以鱼身刷油后用锡纸包好，入烤箱烤熟。

原料 小黄鱼300克

调料 盐、料酒、葱姜汁、花椒、面粉、色拉油、花椒盐各适量

做法
1 小黄鱼去内脏，清洗干净，放入盐、料酒、葱姜汁、花椒腌2小时左右，拣去花椒，放入干面粉盆中，裹匀待用。
2 锅放油烧至六七成热，逐个下入裹上面粉的小黄鱼炸至金黄色，捞出，当油温升至八成热时再复炸一遍，使之焦脆。
3 炸好的小黄鱼用花椒盐蘸食。

Tips

裹干淀粉后要停10分钟再炸，否则易脱落。

干炸**小黄鱼**

椒盐**沙丁鱼**

原料 沙丁鱼500克，青红椒50克

调料 椒盐4克，淀粉80克

做法
1 沙丁鱼拍淀粉，青红椒切粒。
2 锅加油烧六成热，入沙丁鱼炸成金黄色，捞出装入盘中。
3 锅留油烧热，放青红椒、椒盐炒匀，撒在沙丁鱼上即可。

拍粉时不要太多，沾匀即可。炸时如果第一次炸颜色不够金黄，待油温升高后，复炸一次。

（原料）折耳根（鱼腥草）100克，莴笋250克，红椒50克

（调料）盐、葱丝、姜丝、蒜末、辣椒油、陈醋、香油各适量

（做法）
1 莴笋去皮，切成和折耳根差不多粗细的丝，加少许盐略腌；折耳根切成和莴笋等长的段，加少许盐略腌；红椒切成和莴笋同等粗细的丝。
2 以上材料挤去腌渍出的水，加葱丝、姜丝、蒜末、辣椒油、陈醋、香油拌匀即可。

折耳根拌莴笋

（原料）鱼腥草1小把，红椒1个

（调料）盐、醋、味精、生抽、油辣椒、葱段、香油各适量

（做法）
1 鱼腥草洗净切段。锅加水、少许盐和醋烧沸，熄火，放入鱼腥草浸泡2分钟，捞出入冰水中泡凉。红椒切条。
2 鱼腥草捞出沥水，加盐、味精、生抽、醋、油辣椒、葱段、红椒、香油拌匀即可。

1 鱼腥草入加了盐和醋的开水中浸泡，可大大减轻鱼腥味，要熄火后再放入。
2 鱼腥草帮助消炎的效果非常明显。

酸辣折耳根

蔬菜——凉菜

五香蚕豆

原料　老蚕豆250克

调料　盐、八角、桂皮、香叶、姜、干辣椒各适量

做法　老蚕豆洗净放入锅内，加盐、八角、桂皮、香叶、姜、干辣椒及少量水煮至入味即可。

Tips

干蚕豆要提前泡24小时，然后把皮剪开口，这样更易入味。

卤水花生

原料　带壳花生400克

调料　桂皮、八角、干辣椒、盐各适量

做法　花生洗净，放入锅内加水、桂皮、八角、干辣椒、盐，煮熟捞出即可。

Tips

花生提前泡水30分钟较易入味。

原料 毛豆400克

调料 盐、辣椒段、生抽、蒜泥、醋各适量

做法
1 毛豆去头、尾，倒入锅中加盐、辣椒段煮熟捞出。
2 煮熟的毛豆加生抽、蒜泥、醋拌匀装入盘中即可。

Tips
毛豆清洗时在盐水中搓几下可去毛。

开胃毛豆

原料 菠菜250克，海蜇皮100克，小番茄1个

调料 小葱15克，姜10克，盐3克，味精2克，香油8克，蚝油6克，芝麻3克

做法
1 将海蜇洗净切丝，用开水略焯一下捞出过凉开水。
2 将菠菜洗净，用开水焯一下过凉开水捞出，沥干水切成寸段，装在盘底围成圆形；海蜇放在菠菜上。
3 加入葱、姜、盐、味精、香油、蚝油调匀的汁，撒芝麻，装饰小番茄即可。

Tips
海蜇切丝后，在凉水里泡一会儿再洗，要多洗几遍。

凉拌海蜇菠菜

原料 魔芋粉丝10小束，水发木耳50克，青椒、红小米椒各1个

调料 葱花、姜丝、蒜末、盐、生抽、醋、糖、红油、高汤各适量

做法
1 魔芋粉丝入沸水中略烫1分钟，捞出。放入木耳汆烫3分钟，捞出。
2 青椒切小丁，小米辣椒切圈，葱花、姜丝、蒜末、盐、生抽、醋、糖、红油加少许高汤调匀，放入魔芋粉丝、木耳、青椒丁、小米辣椒拌匀即可。

酸辣魔芋丝

133

原料 黄瓜150克

调料 蒜末、香油、白醋、酱油、盐、味精各适量

做法
1 黄瓜洗净，切去瓜头、瓜尾，顺长一切两半。剖面朝刀板，用刀背轻拍使其脆裂，斜切成块。
2 黄瓜块放入碗中，滴入白醋，加入盐拌匀后捞出控水，放在盘中。
3 将蒜末、香油、酱油、味精调成味汁，浇在黄瓜上，吃时拌匀即可。

Tips
黄瓜腌后稍挤干水，可使调料的味更易进入。

拍黄瓜

凉拌豇豆

原料 豇豆250克

调料 红干辣椒粒、蒜末、香油、盐、味精各适量

做法
1 将豇豆洗净，切成3厘米长的段，入沸水锅中焯水后捞出，盛入碗内，加蒜末、香油、盐、味精拌匀。
2 香油入锅烧热，投入红干辣椒粒略炸，浇在豇豆上即可。

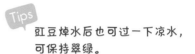

Tips

豇豆焯水后也可过一下凉水，可保持翠绿。

原料 老莲藕1000克，糯米500克

调料 蜂蜜、糖桂花、冰糖、白糖、番茄酱各适量

做法
1 糯米淘洗干净后，用温水浸泡半小时，沥干备用。
2 莲藕去皮，较大一头的蒂切掉2.5厘米做盖子。
3 将糯米填入莲藕孔内，把蒂盖上，用牙签固定封口。
4 藕放入锅内，注入没过莲藕的清水，加冰糖、白糖、番茄酱，大火煮沸后改小火续煮4个小时，开锅尝尝，比较黏稠了，就可把糯米藕捞出，稍微晾凉。
5 糯米藕切片，浇上糖桂花，淋上蜂蜜即可。

蜜汁糯米藕

凉拌海带

原料 海带丝300克，红椒丝30克

调料 葱丝20克、盐3克、鸡粉2克、姜汁5克、花椒油5克、香油、醋各适量

做法
1 海带丝洗净，入沸水中焯一下，捞出冲凉。
2 碗中加入海带丝、红椒丝、葱丝、盐、鸡粉、姜汁、醋、花椒油、香油拌匀即可。

Tips

海带以外观比较整齐，厚度不是太厚和太薄的为佳。

原料 香菜150克，青椒2个，大葱100克，花生碎50克

调料 生抽、盐、味精、香油、醋各适量

做法
1 香菜洗净切段。青椒去籽切丝。大葱洗净切丝。
2 香菜、青椒丝、大葱放入盆中，加生抽、盐、味精、醋、香油拌匀，撒上花生碎即可。

拌三样

Tips
香菜一次吃不完很容易变蔫，可放保鲜盒冷藏保存。

凉拌贡菜

原料 贡菜100克，红椒50克

调料 盐2克，红油3克，鸡精1克，糖2克，花椒油1克，蒜末10克

做法
1 贡菜切段，放入沸水锅中焯水，捞出冲凉。
2 红椒洗净切丝。
3 贡菜、红椒加盐、红油、鸡精、糖、花椒油、蒜末拌匀，装盘即可。

Tips
干贡菜要用温水泡发25～30分钟。

原料 白菜帮50克，胡萝卜20克，花生米30克，鲜香菇50克，银耳50克，木耳50克，青红椒共50克，苦瓜50克，青豆50克

调料 辣椒油10克，盐3克，生抽5克，美极鲜辣汁3克，鸡精2克，葱花、蒜末各5克，白醋、白糖、香油各适量

做法
1 青豆、花生米、木耳、银耳分别泡发，将白菜帮、胡萝卜、香菇、青红椒、苦瓜分别洗净，切成小块。
2 将白菜帮、胡萝卜、香菇、木耳、银耳、青红椒、苦瓜快速焯水捞出，浸在冷水中降温，再将青豆、花生米分别焯水煮熟，捞出用水冲凉。
3 把所有的原料都放入大碗中，加辣椒油、盐、生抽、美极鲜辣汁、鸡精、葱花、蒜末、白醋、白糖、香油拌匀，装盘即可。

凉拌时蔬

蔬菜——凉菜

Tips
1 焯烫蔬菜的时间要短，时间过长会失去蔬菜的脆嫩；青豆和花生要煮熟。
2 拌时加入香油和白糖可提鲜。

泡圆白菜

原料 圆白菜350克，黄瓜150克，胡萝卜150克，青椒50克

调料 蒜20克，干辣椒10克，醋10克，糖30克，盐15克

做法
1 圆白菜洗净，切成小块。黄瓜洗净切条。胡萝卜去皮切条。青椒洗净，去籽切条。
2 蒜去皮拍破，干辣椒切段。
3 锅内加水烧开，把准备好的蔬菜放入锅内翻一翻，捞出来沥干放入罐内，加入调料，搅拌均匀盖好盖密封一段时间即可。

原料 豆皮4张，胡萝卜半根，生菜50克，火腿50克

调料 辣椒酱或番茄酱适量

做法
1 豆皮洗净，切正方形块，焯水后过凉备用。
2 胡萝卜、生菜洗净切丝。火腿切细丝。
3 用豆皮卷好生菜、胡萝卜、火腿丝，带辣椒酱或番茄酱上桌即可。

豆皮卷

Tips
圆生菜一般凉拌吃，散叶生菜一般作汉堡夹馅。

蕨菜拌皮蛋

原料 蕨菜150克，松花蛋200克

调料 盐、料酒、味精、香油、辣椒油、蒜末、红椒丝各适量

做法
1 蕨菜放入沸水锅中焯透，捞出切成4厘米长的段。
2 用凉开水多洗几遍，取出挤去水分，放入盆内，加入盐、料酒、味精、香油、辣椒油、蒜末拌匀。
3 皮蛋洗净后剥去外壳，切成橘子瓣，和蕨菜拌匀，点缀红椒丝即成。

Tips
皮蛋可用细线分割，形更整齐。

原料 白菜心200克，香菜、红辣椒丝各少许

调料 白醋、蒜末、香油、盐、白糖、味精各适量

做法
1 白菜心洗净，切成3厘米长的丝，加入白醋、盐腌2分钟，稍控去水分后盛入碗内，加蒜末、白糖、味精拌匀。
2 香油入锅烧热，投入红辣椒丝略炸，浇在白菜心上，撒上香菜即可。

凉拌白菜心

Tips 也可根据个人口味加入辣椒酱等。

原料 芥菜150克，豆腐干150克，红椒丝10克

调料 盐2克，生抽3克，香油5克，鸡精5克

做法
1 豆腐干洗净切丝，芥菜去根洗净。
2 锅内加水烧开，放少许盐，倒入豆腐干丝煮1分钟后捞出沥干水分；再放入芥菜焯水后立刻捞出沥干水分。
3 将豆腐干丝、芥菜放入盆中，加盐、生抽、香油、鸡精拌匀，装盘，撒上红椒丝即可。

Tips 芥菜做法很多，也可做水饺馅、做汤，味道都不错。

芥菜拌豆干

137

原料 松花蛋4个，青红椒100克

调料 盐2克，味精3克，酱油5克，香油2克，色拉油适量

做法
1 松花蛋一劈四瓣，放在盘上，放入蒸锅中蒸5分钟；青红椒洗净、切粒。
2 锅内加油烧热，放青红椒粒爆香，加盐、味精、酱油、香油调成汁，浇在松花蛋上即可。

青椒松花蛋

Tips 青椒维生素C含量是苹果的25倍，生吃最佳。

炝拌黄瓜条

原料 黄瓜250克

调料 盐、蒜蓉、醋、味精、香油、干辣椒各适量

做法 1 干辣椒切段，浇入八成热的油，制成辣椒油。

2 黄瓜洗净切条，放入盆中，加入盐、蒜蓉、醋、味精、香油、辣椒油拌匀即可。

Tips

黄瓜要挑选细长均匀的，长肚瓜、粗头瓜等不要购买。

原料 毛豆250克

调料 红尖椒段、八角、花椒、盐各适量

做法 1 用剪刀剪去毛豆两端的尖角，洗净，沥去水分。

2 毛豆放入锅中，放红尖椒段、八角、花椒和盐，加清水淹没毛豆，用中火加盖煮20分钟后捞出，装盘。

盐水毛豆

Tips

1 剪角是为了更好地入味。

2 毛豆用盐水搓洗可去毛。

海苔拌水萝卜

原料 海苔20克，水萝卜200克

调料 盐、苹果醋、橄榄油各适量

做法 1 水萝卜切丝，用淡盐水泡至发硬。海苔剪成丝。

2 萝卜丝加盐、苹果醋、橄榄油拌匀，撒上海苔丝即可。

Tips

水萝卜是红皮的小萝卜，有又小又圆的，也有长的，体积都较小。

原料 蕨菜500克，芝麻50克

调料 盐、味精各适量

做法 1 蕨菜入盐水泡3小时，然后再用清水漂洗5次。

2 将蕨菜下入开水锅中汆一下，捞出沥干，放入凉水中过凉。

3 芝麻炒熟，晾凉后和味精拌匀。

4 蕨菜捞出沥干水分，加入芝麻，拌匀即可。

Tips 芝麻要用小火炒才能避免炒焦。

芝麻拌蕨菜

香拌菠菜豆干

原料 菠菜200克，豆干150克，芝麻10克

调料 盐4克，鸡粉3克，红油15克，香油3克

做法 1 豆干切成丁，菠菜洗净切小段，分别放入开水锅焯水，捞出冲凉。

2 芝麻放入锅中用小火炒香。

3 将豆干、菠菜放入大容器中，加盐、鸡粉、红油、香油拌匀，撒上熟芝麻即可。

Tips 菠菜一定要焯水方可去草酸。

原料 北豆腐450克

调料 盐3克，鸡精3克，老抽10克，糖5克，葱10克，姜5克，蒜15克，香叶5克，桂皮10克，色拉油适量

做法 1 将豆腐切成4厘米见方的片，锅中加油烧至六七成热，下入豆腐炸至金黄色。

2 把除色拉油之外的调料加水熬煮至入味成卤水。

3 把豆腐放入卤水中卤熟即可。

Tips 豆腐最好在沸盐水中焯一下，可去豆腥味。

卤水豆腐

原料 香椿苗200克，竹笋150克

调料 盐、鸡精、香油各适量

做法 1 香椿苗用淡盐水稍泡一下。竹笋洗净切丝，入沸水中焯熟。

2 香椿苗、竹笋放入盆内，加盐、鸡精、香油拌匀即可。

Tips

香椿苗切记不可氽烫，因为很容易蔫。

香椿苗拌竹笋

原料 豆皮3张，青蒜1棵

调料 红油、色拉油、卤水各适量

做法 1 豆皮洗净，切菱形片。青蒜切段。

2 锅加油烧热，油多加一点，将豆皮煎至金黄，盛出，放入卤水中小火煮10分钟，熄火，浸泡30分钟，捞出，淋红油，和青蒜拌匀即可。

Tips

可在卤其他食材时，顺便做这道菜。卤水的做法是锅中加入水、葱段、姜片、蒜瓣、八角、茴香、桂皮、草果、丁香、陈皮、香叶、料酒、盐等熬煮而成。

红油豆皮

原料 韭菜200克，青椒1个，红小米椒1个

调料 蒜粒、盐、味精、生抽、糖、醋、香油、白芝麻、色拉油各适量

做法 1 韭菜洗净，水烧沸，熄火，放入韭菜烫10秒，迅速捞出沥干，切段。

2 青椒切丝；红小米椒切圈；蒜蓉入加了少许油的锅中小火炒香。

3 韭菜段加入青椒、红小米椒、蒜粒、盐、味精、生抽、糖、醋、香油、炒熟的白芝麻拌匀即可。

韭菜拌辣椒

原料 油麦菜200克

调料 芝麻酱、盐、酱豆腐、熟芝麻各适量

做法
1 芝麻酱放碗中，加入水、盐、酱豆腐搅拌均匀。
2 油麦菜择洗干净，用冷开水过一遍，切段装盘，浇上芝麻酱，撒上熟芝麻即可。

麻酱油麦菜

Tips
油麦菜含大量维生素及微量元素，是生食蔬菜中的上品，有"凤尾"之称。

皮蛋拌豆腐

原料 皮蛋1个，豆腐400克，葱花10克

调料 生抽、香油、香醋、白糖各适量

做法
1 将豆腐切成丁，放入热水中泡片刻，取出，沥干水分，装入盘中。皮蛋剥壳，切成小块。
2 调料混匀成味汁，备用。
3 将皮蛋块、葱花放在豆腐上，浇上调味汁，拌匀即成。

141

蔬菜——凉菜

原料 笋尖400克

调料 卤水、香油、葱花各适量

做法
1 用调制好的卤水将笋尖卤熟。
2 卤好的笋尖切条，加香油、葱花拌匀装盘。

Tips
笋尖先焯下水再卤，不可卤太久，7分钟即可。

卤水笋尖

原料 西芹200克，红椒丝50克

调料 盐2克，糖4克，味精2克，香油适量

做法
1 西芹去皮，切细丝，用凉水泡3～5分钟。
2 盐、糖、味精、香油调成汁，放入西芹、红椒丝拌匀即可。

Tips

西芹应先去除老的纤维口感才嫩。

爽口西芹

原料 蕨菜600克，心里美萝卜10克，大蒜（白皮）40克

调料 盐、味精、醋、香油各适量

做法
1 大蒜去皮，洗净，捣成蒜泥。
2 蕨菜摘洗干净，切成3厘米长的段，投入开水锅中煮透，捞出沥干。
3 晾凉后放入盘中，加盐、味精、蒜泥、醋、香油拌匀，上面放两片心里美萝卜花两片即可。

蒜泥蕨菜

蒜泥苋菜

原料 苋菜600克，大蒜4瓣

调料 香油、色拉油、盐各适量

做法
1 苋菜洗净，沥干水分，摘除老茎及老叶，切成3厘米长的段。
2 大蒜去皮，磨成泥，加香油拌匀成酱汁。
3 锅中加水烧开，倒入苋菜、色拉油、盐烫煮3分钟，捞出沥干，盛盘，淋上蒜泥酱汁即可。

Tips

蒜可使苋菜味道更香。

原料 豌豆苗500克，花椒20克

调料 香油、生抽、醋、盐、色拉油各适量

做法
1 汤锅加水烧沸，滴几滴油，撒少许盐，下洗净的豌豆苗，烫2秒钟，立即捞出，盛盘。
2 炒锅加油烧热，入花椒粒炸出香味，拣出花椒粒不用，把花椒油泼在豌豆苗上，香油、生抽、醋、盐拌匀，浇在豌豆苗上即可。

炝豌豆尖

原料 金针菇100克，黄瓜半根，胡萝卜半根

调料 盐、味精、生抽、糖、醋、红油、香油各适量

做法 1 金针菇切去根部，每根分开，入沸水中稍烫，捞入冰水中泡凉，挤干水分；黄瓜切丝，加盐腌渍一会儿，挤干水分；胡萝卜切丝。

2 金针菇、黄瓜、胡萝卜加盐、味精、生抽、糖、醋、红油、香油拌匀即可。

凉拌金针菇

原料 菠菜200克，粉丝100克

调料 芥末、盐、醋、香油、味精、姜各适量

做法 1 菠菜择去老叶，切去根，用清水洗净，切寸段。粉丝泡好切段。

2 芥末放入碗中，加少许水调匀，加入盐、醋、香油、味精搅匀，兑成调味汁。姜去皮，切丝。

3 锅内加水烧沸，放入菠菜、粉丝焯熟，放入盆中，加姜丝、调味汁拌匀即可。

菠菜粉丝

原料 扁尖笋200克

调料 盐、味精、葱花、姜末、蒜末、油辣椒、花椒粉、香菜各适量

做法 1 扁尖用淘米水泡透，煮熟，捞出切丝，挤干水分。香菜切段。

2 盐、味精、葱花、姜末、蒜末、油辣椒、花椒粉、香菜调匀，倒入笋丝中拌匀即可。

麻辣扁尖笋

143

原料 豆腐脑1碗，炸花生碎适量

调料 葱花、姜末、蒜末、酱油、醋、红油、花椒油各适量

做法 豆腐脑搅碎，加入调料拌匀，撒入花生碎即可。

酸辣豆花

豆干拌花生米

原料 香干300克，花生米100克，芹菜50克

调料 盐3克，味精1克，酱油4克，醋5克，香油适量

做法
1 香干放入碗内用开水浸烫一下，捞出控水晾凉，切成小丁。
2 芹菜洗净切丁。花生米用水泡开，煮熟晾凉。
3 香干、芹菜、花生米放入盘内，加盐、味精、酱油、醋、香油拌匀即成。

原料 泡发木耳150克，红小米椒1个，胡萝卜1根

调料 剁椒、盐、味精、生抽、糖、醋、葱花、姜末、蒜末、香油、白芝麻各适量

做法
1 木耳温水泡发，去蒂撕小朵，入沸水中焯2分钟，捞出入冰水中泡凉。
2 胡萝卜切小斜片；泡椒剁碎；红小米椒切圈。
3 木耳、胡萝卜、剁椒、红小米椒加盐、味精、生抽、糖、醋、葱花、姜末、蒜末、香油拌匀，撒炒香的白芝麻即可。

泡椒木耳

炝拌苦瓜

原料 苦瓜300克，红椒15克

调料 盐3克，糖3克，醋10克，味精2克，辣椒油15克，花椒油10克，香油10克

做法
1 锅中加水烧开，放入苦瓜片，焯透捞出晾凉。
2 苦瓜片加盐、糖、醋、味精拌匀，加入红椒片、辣椒油、花椒油、香油拌匀即可。

原料 芹菜150克，胡萝卜100克，土豆50克

调料 辣椒油6克，花椒2克，蒜蓉5克，盐2克，味精3克，香油适量

做法
1 芹菜、胡萝卜、土豆均切丝。
2 锅加水烧开，下芹菜、胡萝卜、土豆焯水，捞出过凉。
3 辣椒油、花椒、蒜蓉、盐、味精、香油放在碗中调匀成料汁。
4 芹菜、胡萝卜、土豆加料汁拌匀即可。

三丝芹菜

原料 豌豆粒200克，玉米粒100克，胡萝卜丁100克

调料 沙拉酱200克，盐适量

做法
1 水烧开，加少许盐，先放豌豆，然后再放胡萝卜和玉米，煮熟后晾凉。
2 晾凉后再继续晾至半干，加入沙拉酱拌匀即可。

豌豆含丰富维生素，但吃多会腹胀。

豌豆玉米沙拉

原料 茼蒿300克，松花蛋100克，红椒20克

调料 盐2克，味精3克，美极鲜味汁5克，香油5克

做法
1 茼蒿切段；松花蛋去皮切丁；红椒切丁。
2 盐、味精、美极鲜味汁、香油调成汁，加松花蛋、红椒拌匀。
3 淋在茼蒿上拌匀即可。

松花蛋拌茼蒿

松花蛋先用开水煮5分钟，蛋心就不软了。

原料 蕨菜200克

调料 豆豉50克，蒜泥10克，姜末5克，盐3克，味精2克，酱油20克，醋10克，胡椒粉10克，葱花8克

做法
1 蕨菜洗净，用沸水氽熟，用手撕成两半，改刀成2厘米长的段。
2 加豆豉、蒜泥、姜末、盐、味精、酱油、醋、胡椒粉和葱花拌匀即可。

蕨菜又叫龙头菜、如意菜、拳头菜，是野菜的一种，清香味浓，富含氨基酸及多种维生素。

凉拌蕨菜

原料 茼蒿200克，木耳100克，小米椒50克

调料 盐2克，生抽10克，味精3克，香油5克

做法
1 茼蒿摘前面的嫩尖，洗净沥干；木耳用水泡好，撕成小朵，下入沸水中焯一下；小米椒切圈。
2 盐、生抽、味精、香油、小米椒调成味汁。
3 茼蒿、木耳加味汁拌匀即可。

1 茼蒿最好不焯水，生拌营养丰富，微辣爽口。
2 茼蒿凉拌只取前面的嫩尖。

木耳拌茼蒿

原料 紫甘蓝250克，干辣椒10克

调料 姜末、盐、生抽、味精、色拉油各适量

做法 1 紫甘蓝洗净切块。干辣椒切段。

2 炒锅加油烧热，用姜末、干辣椒炝锅，加入紫甘蓝、盐、生抽、味精炒熟即可。

香辣甘蓝

Tips

挑选甘蓝以分量沉、有光泽的水分多而新鲜。

原料 鸡蛋4个，番茄150克

调料 盐、色拉油各适量

做法 1 鸡蛋打散，加盐拌匀；番茄洗净去蒂，切成块。

2 锅置火上，放入油烧热，将鸡蛋液倒入锅中，炒至蛋液凝固时，倒入番茄略炒，起锅装盘即可。

Tips

1 青色的番茄还没熟，不宜吃。

2 也可加些糖，味道酸甜可口。

3 也可先炒番茄，再放鸡蛋，能充分释出番茄红素。

番茄炒鸡蛋

原料 藕500克

调料 干辣椒25克，花椒20克，盐2克，味精3克，酱油5克，葱花5克，色拉油适量

做法 1 藕去皮，切丁；干辣椒切段。

2 锅内加油烧热，下入干辣椒段、花椒炒出麻辣味，放入藕丁，加盐、味精、酱油炒熟，撒上葱花即可。

Tips

藕分红花莲藕和白花莲藕，前者面面的，适合炖汤；后者清脆，适合炒食。

麻辣藕丁

圆白菜350克

姜、干辣椒、花椒、盐、味精、色拉油各适量

1 圆白菜洗净切块。

2 炒锅加油烧热，放入姜、干辣椒、花椒爆香，放入圆白菜，加盐、味精调味，用旺火快炒至熟即可。

 Tips

1 圆白菜不用刀切，用手撕更能保留营养。

2 要洗后再撕，以免营养流失。

香辣圆白菜

韭菜炒豆芽

原料 绿豆芽 100克，韭菜 300克

调料 色拉油、盐、味精各适量

做法 1 豆芽洗净；韭菜择好洗净，切成小段。

2 油锅用旺火烧至八成热，倒入韭菜和豆芽，炒出香味后，加盐、味精，大火快速翻炒均匀即可。

 Tips

绿豆在发芽过程中，维生素C增加7倍，比绿豆营养更丰富。

147

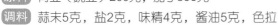

原料 青豆（豌豆）200克，茄子300克

调料 蒜末5克，盐2克，味精4克，酱油5克，色拉油适量

做法 1 茄子去皮切丁；青豆洗净。

2 锅放油烧热，下入蒜末爆香，放茄子、青豆翻炒片刻，加盐、味精、酱油炒熟即可。

 Tips

豌豆富含人体必需的赖氨酸，能增加免疫力。

青豆茄丁

蔬菜——小炒

原料 茄子1个，剁椒适量

调料 干辣椒、花椒、盐、味精、香油、小葱花、色拉油各适量

做法
1 茄子洗净，切粗条，加盐腌渍10分钟，挤干水分。
2 锅加油烧热，油稍微多一点，放干辣椒、花椒爆香，放茄子煎炒熟，加剁椒炒匀，加少许盐、味精，淋香油，撒小葱花即可。

Tips

剁椒有咸味，盐要少放。

剁椒茄子

原料 西蓝花300克，蒜蓉20克

调料 高汤、盐、鸡精、胡椒粉、色拉油各适量

做法
1 西蓝花切成小朵，放入沸水中焯水。
2 炒锅加油烧热，放蒜蓉炝锅，加西蓝花迅速翻炒。
3 加高汤，用盐、鸡精、胡椒粉调味翻炒均匀，淋明油即可。

Tips

1 多放些蒜蓉，味会很香。
2 西蓝花是防癌明星，可经常食用。

蒜蓉西蓝花

原料 净芦笋200克，黑木耳150克，青红椒50克

调料 盐2克，葱花10克，味精5克，色拉油适量

做法
1 芦笋去老皮，切段；黑木耳泡好，去蒂，撕成小朵；青红椒切条。
2 锅内加水烧沸，芦笋、黑木耳、青红椒分别焯水捞出。
3 油烧热，放葱花爆香，放芦笋、黑木耳、青红椒炒匀，加盐、味精炒熟即可。

Tips

1 芦笋以顶端花苞紧密未开，茎部有光泽的为新鲜。
2 芦笋用报纸包起冷藏，可保鲜两三天。

芦笋炒木耳

原料 酸菜、高山细笋（罗汉笋）各200克，猪肉馅50克

调料 干辣椒、盐、味精、葱末、姜末、蒜末、色拉油各适量

做法
1. 酸菜切碎，挤干。细笋切小粒，入沸水中焯3分钟，捞出。
2. 锅加油烧热，下干辣椒炸出香味，下猪肉馅炒香，加葱末、姜末、蒜末煸炒，加入酸菜末、细笋粒炒匀，加盐、味精调味即可。

Tips
南方酸菜指雪里蕻。

酸菜炒竹笋

原料 蚕豆250克

调料 淀粉、干辣椒、花椒、盐、葱花、鸡精、色拉油各适量

做法
1. 蚕豆拍匀干淀粉，放入油锅中炸酥捞出。
2. 炒锅加油烧热，放干辣椒、花椒爆香，放蚕豆略炒，放入盐、葱花翻炒均匀，调入鸡精即可。

Tips
如用干蚕豆，则放进40℃水中泡发涨后，用剪刀剪个口滤干水分。

香辣蚕豆

原料 长茄子500克，青红椒条20克

调料 麻椒10克，干辣椒15克，盐5克，鸡精3克，胡椒粉2克，色拉油适量

做法
1. 将茄子去皮切条，拍淀粉。
2. 锅内加油烧至六成热，下入茄子炸至金黄色，捞出控油。
3. 锅内留底油烧热，用麻椒、干辣椒炝锅，加入茄条、青红椒条，放盐、鸡精、胡椒粉炒熟即可。

Tips
长茄子和圆茄子营养基本一样。

椒麻茄子

蔬菜——小炒

原料 带壳蚕豆500克，茭白2根，梅干菜50克，红椒1个

调料 干辣椒段、姜末、蒜蓉、盐、味精、色拉油各适量

做法
1 蚕豆去壳。茭白去皮，切小滚刀块；红椒切菱形片；梅干菜温水泡透，挤干切碎，入炒锅中炒干。
2 锅放足量油烧热，放入蚕豆滑油，至表面起泡时，捞出沥油。
3 锅留底油，放干辣椒段、姜末、蒜蓉小火炒香，放入蚕豆、茭白、红椒、梅干菜、盐、味精炒熟即可。

茭白炒蚕豆

Tips

此菜炒时不要加水，要炒出干香的味道。

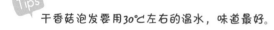

原料 豆腐干150克，香菇120克，黄瓜100克，胡萝卜50克

调料 姜、老干妈豆豉酱、蚝油、辣妹子辣酱、盐、味精、色拉油各适量

做法
1 豆腐干、香菇、黄瓜、胡萝卜均切丁，焯水，控水。
2 锅放油烧热，下姜、老干妈辣酱、蚝油、辣妹子辣酱炒香，倒入四丁，加盐、味精调味，炒匀即可。

Tips

干香菇泡发要用30℃左右的温水，味道最好。

素炒酱丁

原料 豇豆300克，干辣椒段5克

调料 蒜片、盐、酱油、味精、色拉油各适量

做法
1 豇豆洗净切段。
2 炒锅加油烧热，放干辣椒、蒜片爆香，下豇豆稍炒，加入盐、酱油、水焖炒至熟，加味精炒匀即可。

Tips

1 豇豆挑选看起来饱满、手感硬实的比较嫩。
2 那种看起来松松的、手感软的豇豆较老，适合炖着吃。

农家炒豇豆

原料 大白菜半棵，剁椒2勺

调料 猪油、葱段、姜片、盐、味精、香油各适量

做法
1 大白菜一片片摘下来，洗净甩干水分，菜叶撕成片，菜帮斜着片成片。
2 锅加猪油烧热，放入葱段、姜片炝锅，放入白菜帮炒1分钟，再放入菜叶一起炒，加剁椒、盐、味精炒匀，淋香油即可。

Tips
芽白就是大白菜，此菜不要炒太久，以免失去爽脆的口感。

剁椒芽白

原料 茭白3根

调料 干辣椒、花椒、盐、味精、花椒油、葱花、色拉油各适量

做法
1 茭白去皮，切滚刀块。干辣椒掰段。
2 锅加足量油，烧至七成热，放入茭白滑油至表面变色即捞出。
3 锅留底油，下干辣椒、花椒小火煸香，加入茭白、盐、味精炒熟，淋花椒油，撒葱花即可。

干炝茭白

蔬菜——小炒

原料 山药350克，木耳50克，青椒片50克

调料 盐3克，糖2克，味精2克，色拉油适量

做法
1 木耳泡发，去根切片。
2 山药去皮洗净，切菱形厚片，焯水捞出待用。
3 炒锅加油烧热，放山药片、青椒片、木耳、盐、糖、味精快速翻炒匀即可。

Tips
山药容易使手过敏，最好戴上手套削皮。

木耳炒山药

百合甜豆

原料 百合150克，甜豆200克，胡萝卜50克

调料 盐3克，色拉油适量

做法
1 胡萝卜洗净去皮，切丁，和甜豆分别焯水，过凉。
2 百合洗净去除黑头。
3 炒锅放油，放胡萝卜、甜豆、百合炒匀，加盐调味即可。

原料 空心菜500克

调料 干辣椒、姜末、盐、味精、色拉油各适量

做法
1 空心菜择洗干净，切段。干辣椒切段。
2 炒锅加油烧热，放干辣椒、姜末爆香，放入空心菜，加盐、味精炒熟即可。

Tips

空心菜以产于6~9月的最鲜嫩好吃。

炝炒空心菜

炒西葫芦

原料 西葫芦400克，香菇3个，红椒半个

调料 番茄沙司、糖、盐、味精、酱油、姜末、色拉油各适量

做法
1 西葫芦去籽，洗净切条，加盐腌制片刻。
2 香菇洗净，去蒂切条。红椒去籽，切条。
3 番茄沙司、糖、盐、味精、酱油、水调匀成汁。
4 锅内加油烧热，放香菇煸出味，加姜末、西葫芦、红椒翻炒，倒入味汁，大火炒匀即可。

Tips

细长的西葫芦比较嫩。

原料 扁豆、木耳、平菇各50克

调料 蒜、酱油、盐、糖、鸡精、色拉油各适量

做法
1 扁豆、木耳切丝，放沸水中焯水。
2 平菇洗净，撕成丝状。蒜切碎。
3 炒锅加油烧热，放入蒜末爆香，加入扁豆丝、木耳丝、平菇丝翻炒均匀，加入酱油、糖、盐、鸡精翻炒均匀至熟即可。

Tips

扁豆膳食纤维含量很高，对于缓解便秘、排毒很有功效。

素炒三丝

原料 黄豆芽400克，干辣椒5克，花椒3克

调料 盐、酱油、鸡精、色拉油各适量

做法 1 黄豆芽去根洗净。干辣椒切段。
2 炒锅加油烧热，干辣椒、花椒爆香，放黄豆芽翻炒几下，加盐、酱油、鸡精炒熟即可。

炝炒黄豆芽

Tips

1 所有豆芽中，黄豆芽营养最丰富。
2 豆芽纤维柔软易消化，适合老年人吃。

原料 苦瓜1根，青尖椒1个，红尖椒1个

调料 豆豉、葱段、姜片、蒜末、盐、酱油、味精、白醋、色拉油各适量

做法 1 苦瓜纵向剖开，挖去瓤籽，切片，入加了白醋的沸水中焯1分钟，迅速捞入冰水中。
2 锅加油烧热，放豆豉、葱段、姜片、蒜末炝锅，放入苦瓜、青椒、红椒翻炒，加入少许盐、酱油、味精即可。

豆豉苦瓜炒辣椒

原料 西芹100克，白果20克，红椒1个

调料 橄榄油、盐、糖、水淀粉各适量

做法 1 白果去壳、去心，煮熟，西芹洗净切小段。
2 锅加油，烧八成热时放入西芹爆炒，待变色后放入白果和红椒，煸炒片刻，勾芡，放入盐、糖调味即可。

Tips

新鲜的白果可放阴凉通风处晾干后冷藏保存。

西芹炒白果

蔬菜——小炒

原料 大白菜半棵

调料 猪油、干辣椒、盐、味精、胡椒粉、香油各适量

做法 1 白菜一片片摘下来。锅加水，放1勺盐，烧沸后放入大白菜烫1分钟。
2 熄火浸泡4小时后捞出，挤干水分，切碎。干辣椒掰碎。
3 炒锅加少许猪油烧热，放入干辣椒段小火炒香，放入白菜碎翻炒，加盐、味精炒匀，撒胡椒粉，淋香油即可。

干椒炒烫白菜

Tips

这道菜用猪油炒才香。

154

翡翠金针菇

原料 金针菇300克，药芹段150克

调料 盐、味精、色拉油各适量

做法
1 金针菇去除根部切成段，清洗后用沸水浸烫几分钟。
2 炒锅中倒入油少许，放入药芹、金针菇、盐、味精煸炒熟即可。

Tips

药芹是茎细细的小芹菜，辛香味比茎粗大的西芹要强烈。

原料 香菇100克，荷兰豆100克，马蹄6个，红椒半个

调料 蒜蓉、盐、鸡精、色拉油各适量

做法
1 香菇洗净切片。荷兰豆去老筋，撕成小片。
2 马蹄洗净，去皮切片。红椒切片。
3 锅加油烧至五成热，下蒜蓉炒香，放香菇、荷兰豆翻炒几下，再放马蹄、红椒、盐、鸡精炒熟即可。

Tips

新鲜的马蹄放网兜里挂通风处，可放很久。

香菇荷兰豆

杭椒炒蟹味菇

原料 蟹味菇250克，杭椒100克

调料 姜末5克，盐3克，味精2克，生抽15克，色拉油适量

做法
1 蟹味菇洗净，焯水冲凉。杭椒切片。
2 锅内加油烧热，下姜末、杭椒炒出味，加入蟹味菇、盐、味精、生抽调味，炒匀即可。

Tips

蟹味菇有独特的蟹香味，且营养丰富，是低热低脂的保健食品。

原料 西芹150克，鲜百合100克

调料 色拉油、水淀粉、盐、味精各适量

做法
1 鲜百合一瓣一瓣剥下，洗净；西芹洗净，切成片。
2 锅置火上，加入适量清水烧沸，将百合片、西芹片放入焯水，倒入漏勺沥去水分。
3 炒锅放油烧至七成热，投入原料略炒，加入盐、味精，用水淀粉勾芡，起锅装盘即成。

Tips

百合很适合秋天吃，有润肺止咳之效。

西芹百合

原料 黄花菜200克，百合1个，青、红椒共30克

调料 盐5克，素高汤20克，香油5克，色拉油适量

做法
1 黄花菜洗净，放入滚水中汆烫一下，捞出沥水。青红椒切片。百合一瓣瓣剥下洗净。
2 锅内加油烧热，放入青红椒片炒香，再加入黄花菜拌炒片刻，最后加入百合炒至透明时，加盐、素高汤拌匀，淋香油即可。

Tips

干黄花菜温水泡20分钟左右就可以了。

百合黄花菜

原料 玉米粒200克，青豆50克，香菇3朵，胡萝卜1/3根

调料 盐、鸡精、色拉油各适量

做法
1 香菇、胡萝卜分别切丁。青豆、玉米粒放入沸水中焯水。
2 炒锅放油烧热，放入香菇、胡萝卜、青豆、玉米粒翻炒均匀，加盐、鸡精调味，淋明油即可。

Tips

鲜玉米棒可用叉子将玉米粒铲下。

三丁玉米

原料 香干300克，青小米椒1个，红小米椒1个，青蒜1棵

调料 姜末、盐、味精、酱油、红油、色拉油各适量

做法
1 香干切片；青小米椒、红小米椒切圈；青蒜切段。
2 锅加油烧热，放入姜末炝锅，加青小米椒、红小米椒干煸一下，放入香干翻炒，放入盐、味精、酱油调味，放入青蒜段翻炒，淋少许红油即可。

辣炒香干

155

原料 藕300克

调料 盐、味精、干辣椒、色拉油各适量

做法
1 藕去皮洗净切条，用清水把藕条表面的淀粉漂洗干净，沥干水分。
2 藕条放入油中炸至微黄。
3 锅中加油，用中火烧至六成热，下干辣椒段稍炸，放入藕条用大火煸炒2分钟，加盐、味精炒匀即可。

Tips

此菜最好选用白花莲藕，口感较脆。

干煸藕条

冬菜炒苦瓜

原料 冬菜100克，苦瓜1根

调料 葱花、姜片、干辣椒、花椒、盐、味精、色拉油各适量

做法
1. 苦瓜纵向剖开，用勺子挖去瓤籽，切成1厘米见方的丁。冬菜取嫩尖，洗净挤干，切成1厘米见方的片。干辣椒掰成段。
2. 锅内放油烧热，放入葱花、姜片，再放入苦瓜丁煸炒至干，盛出。
3. 锅洗净，加油烧热，放入干辣椒、花椒炸香，放入苦瓜、冬菜煸炒，加盐、味精调味即可。

Tips
冬菜是大白菜切成小块，晒半干，加盐等腌渍发酵而成的咸菜类食品。既可以当菜，也可以调味用。

原料 番茄2个，菜花300克

调料 盐2克，味精3克，小葱3根，色拉油适量

做法
1. 将菜花掰成小朵，小葱切成葱花。
2. 番茄在开水锅烫一下，撕去皮，切块。
3. 锅加水烧开，下菜花焯一下捞出。
4. 锅加油烧热，放番茄炒出香味，下菜花翻炒5分钟，加盐、味精炒熟，撒小葱花即可。

Tips
根据自己喜好，爱吃酸的可多放点番茄。

番茄炒菜花

小米椒炒丝瓜

原料 丝瓜350克，小米椒100克

调料 葱、蒜末各8克，盐2克，鸡粉4克，胡椒粉3克，色拉油适量

做法
1. 丝瓜去皮切片，小米椒切丁。
2. 锅加油烧热，下小米椒、葱、蒜炒香，加丝瓜、盐、鸡粉、胡椒粉用大火炒熟即可。

Tips
丝瓜的味道清甜，烹煮时不宜加酱油或豆瓣酱等口味较重的调料，以免抢味。

原料 水发木耳100克，腐竹150克，红小米椒30克

调料 葱段3克，老抽8克，盐5克，料酒10克，色拉油适量

做法
1. 腐竹泡好切斜刀段；木耳去蒂，撕成小片；红小米椒去蒂、籽，切小圈；葱切片。
2. 将木耳、腐竹放入沸水锅中稍煮，捞出。
3. 锅加油烧热，放葱段、小米椒爆香，下木耳、腐竹炒匀，加老抽、盐、料酒大火炒熟即可。

Tips
腐竹不可选颜色雪白的。

辣味木耳·炒腐竹

原料 黑色大头菜2块，青尖椒1个，红小米椒1个，猪肉末100克，芹菜末、洋葱末各适量

调料 盐、酱油、料酒、鸡精、香油、色拉油各适量

做法
1. 大头菜切丁，用水泡去盐分，挤干切碎，青椒、红小米椒切碎。
2. 锅加油烧热，放入猪肉末炒至干香，盛出。另起锅加油，放入大头菜碎炒香，盛出。
3. 锅洗净加油烧热，放入红小米椒煸出香味，放入大头菜碎、青尖椒碎、芹菜末、洋葱末炒匀，加入猪肉末翻炒，加入盐、酱油、料酒、鸡精、香油拌匀即可。

黑三剁

原料 香干200克，香芹150克，青红椒50克

调料 蒜片5克，盐3克，生抽10克，鸡精4克，色拉油适量

做法
1. 香芹去老叶，切成3厘米长的段；香干切长条；青红椒去蒂、籽，切成长丝。
2. 将香干放入沸水中焯一下。
3. 锅内加油烧热，下蒜片爆香，放香干炒匀至起小泡，加青红椒、香芹快速翻炒片刻，加盐、生抽、鸡精调味炒熟即可。

Tips

此菜具降压清火保肝的作用。

芹菜炒香干

原料 丝瓜300克，木耳50克，马蹄50克，粉丝50克

调料 盐、醋、酱油、豆瓣酱、辣椒、糖、红油、水淀粉、姜末、色拉油各适量

做法
1. 丝瓜去皮切条，木耳、马蹄切片，焯熟。粉丝用水泡好。
2. 盐、醋、酱油、豆瓣酱、辣椒、糖、红油、水淀粉调成汁。
3. 锅内加油，放入姜末，倒入调好的汁烧沸，放入丝瓜、木耳、马蹄、粉丝炒拌均匀即可。

鱼香丝瓜

157

原料 玉米粒250克，松仁5克，青椒50克

调料 盐、味精、水淀粉、色拉油各适量

做法
1. 玉米粒、青椒粒放入沸水中焯水。
2. 松仁放入油中炸至酥脆。
3. 锅内留油烧热，放入玉米粒、青椒粒，加盐、味精炒匀，用水淀粉勾薄芡，淋明油装盘，撒上松仁即可。

Tips

选用甜玉米味道更好。

松仁玉米

蔬菜——小炒

韭黄炒素鸡

原料 韭黄100克，素鸡250克，香菜段25克

调料 葱、姜、酱油、盐、鸡精、色拉油各适量

做法
1 素鸡切片。韭黄洗净切段。
2 炒锅加油烧热，下姜葱爆香，放入素鸡片、酱油、盐、鸡精炒至入味，放韭黄快炒出锅，撒上香菜即可。

Tips

韭黄非蒜黄。韭黄短一些，叶宽一些，且叶是直的不打卷。

原料 茼蒿200克

调料 蒜、干辣椒、豆瓣酱、花椒、盐、味精、色拉油各适量

做法
1 茼蒿择洗干净，沥干水分。蒜去皮切片。
2 炒锅加油烧热，下蒜片、干辣椒、豆瓣酱、花椒炒香，放入茼蒿、盐、味精炒熟，淋明油出锅。

Tips

尖叶茼蒿口感粳性，圆叶茼蒿口感软糯。

麻辣茼蒿

春笋炒豌豆

原料 春笋300克，豌豆150克

调料 猪油50克，盐3克，味精2克，水淀粉5克，熟鸡油15克

做法
1 春笋切小丁，和豌豆一起焯水。
2 炒锅加猪油烧热，放入豌豆、笋丁略炒，加水、盐、味精炒匀，用水淀粉勾芡，淋鸡油即可。

Tips

春笋丁焯水时沸水下锅，水开后煮5分钟即可。

原料 苋菜400克，蒜5瓣

调料 盐、味精、色拉油各适量

做法
1 苋菜择洗干净，去根，切段。蒜去皮切末。
2 锅内加油烧热，放入蒜末爆香，放入苋菜、盐、味精，用大火翻炒至熟即可。

Tips

1 嫩苋菜叶子小，老的叶片大。
2 嫩苋菜根须少，老的多。
3 嫩苋菜一掐就断，老的不能。

蒜香苋菜

原料 芹菜250克，豆腐干100克，胡萝卜80克

调料 葱片5克，干辣椒段10克，酱油5克，盐2克，味精3克，色拉油适量

做法 1 芹菜、豆腐干、胡萝卜均切丁。

2 锅内加水烧开，下芹菜、豆腐干、胡萝卜分别焯水。

3 锅加油烧热，下葱片、干辣椒炝锅，加芹菜、豆腐干、胡萝卜快速炒匀，烹入酱油，加盐、味精炒熟即可。

Tips 胡萝卜所含维生素是脂溶性，须用油炒方可释出。

炒三丁

原料 豆腐350克，韭菜20克

调料 姜末5克，豆瓣酱10克，盐2克，鸡粉4克，生抽2克，色拉油适量

做法 1 豆腐切小指般粗细的条；韭菜择洗干净，切3厘米长的段。

2 豆腐条控干水分，下入油锅中炸至金黄。

3 锅内加油烧热，下姜末、豆瓣酱爆香，放豆腐条、韭菜炒匀，加盐、鸡粉、生抽调味炒熟即可。

Tips 豆腐切小块，放盐水中煮开，晾凉后连盐水冷藏，可保鲜。

乡村豆腐

原料 韭菜200克，小米椒50克，香干100克

调料 葱段10克，盐2克，胡椒粉3克，鸡粉4克，色拉油适量

做法 1 韭菜切段；香干切条；小米椒切圈。

2 锅加油烧热，下葱段、小米椒煸炒出香味，下香干炒1分钟，放韭菜炒匀，加盐、胡椒粉、鸡粉炒熟即可。

Tips 韭菜非常容易熟，在炒制过程中，一定要掌握好时间，不要太久，要不就烂了，颜色不好看，口感也差。

韭菜炒香干

159

蔬菜——小炒

原料 鸡蛋2个，剁椒2勺

调料 盐、料酒、葱段、色拉油各适量

做法 1 鸡蛋打入碗中，加盐、1小勺料酒搅拌均匀。

2 锅加油烧热，倒入鸡蛋，大火炒散，盛出。

3 锅洗净，加油烧热，倒入剁椒，煸炒出香味，加入鸡蛋、葱段炒匀即可。

 Tips 鸡蛋加入料酒拌匀，可去腥增香。

剁椒炒鸡蛋

鱼香豌豆

原料 豌豆粒300克

调料 糖、陈醋、盐、淡酱油、葱花、姜末、蒜泥、泡椒末、味精、色拉油各适量

做法
1 豌豆洗净沥干，入七成热油中炸熟，再升高油温炸脆。
2 糖和醋按1.5:1的比例调成糖醋汁，加盐、淡酱油、葱姜蒜、泡椒末、味精调匀成味汁，倒入豌豆拌匀即可。

原料 山药150克，红椒1个，玉米粒100克，豌豆75克

调料 盐、味精、水淀粉、色拉油各适量

做法
1 山药洗净切粒。红椒去蒂、籽，切丁。
2 山药、红椒、玉米粒、豌豆放入沸水中焯好，捞出沥水。
3 锅内加油烧热，放入山药、红椒、玉米粒、豌豆炒匀，加盐、味精翻炒均匀，勾薄芡即可。

什锦山药粒

Tips

已经切开的山药，要用保鲜袋包好冷藏，否则极易腐坏。

三鲜豆苗

原料 豆苗300克，胡萝卜30克，竹笋、草菇各50克

调料 盐、淀粉、色拉油各适量

做法
1 豆苗摘去老茎洗净，沥干水分。胡萝卜切片。
2 草菇洗净，一剖为二。竹笋洗净切丝。
3 炒锅加油烧热，放入胡萝卜片、笋丝、草菇翻炒3分钟。
4 加入豆苗、盐继续炒30秒，用水淀粉勾芡即可。

Tips

勾芡不要浓厚，要稀薄一些。

原料 洋葱150克，豆干150克，红椒半个

调料 葱花、盐、味精、酱油、色拉油各适量

做法
1 洋葱、红椒、豆干分别切丝。
2 炒锅加油烧热，用葱花炝锅，放入洋葱、红椒略炒，加豆干、盐、味精、酱油翻炒至熟即可。

Tips

紫洋葱和白洋葱营养价值相差不大。

洋葱炒豆干

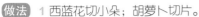

原料 西蓝花250克，胡萝卜1根，腰果100克

调料 葱花5克，盐5克，味精3克，色拉油适量

做法
1 西蓝花切小朵；胡萝卜切片。
2 锅内加水烧开，放入西蓝花、胡萝卜汆烫片刻，捞出沥干。
3 腰果放入四五成热油中，炸至金黄色捞出。
4 锅留底油，下葱花爆香，放西蓝花、胡萝卜炒匀，用盐、味精调味，撒上腰果炒匀出锅即可。

Tips

西蓝花焯水要沸水下锅。

腰果炒西蓝花

原料 山药200克，木耳200克，白果100克

调料 葱10克，姜5克，盐2克，糖3克，鸡精3克，色拉油适量

做法
1 山药去皮，切片；木耳用水泡好切片；白果去心。
2 锅内加水烧开，分别放入山药、木耳、白果焯水。
3 锅加油烧热，下葱、姜炒香，放山药、木耳、白果翻炒匀，用盐、糖、鸡精调味炒熟即可。

Tips

山药切好用白醋泡5分钟，再炒会保持色泽洁白、鲜香可口。

山药木耳炒白果

原料 榨菜200克，豌豆150克，白果15颗，红椒半个

调料 葱10克，盐2克，胡椒粉3克，鸡粉4克，色拉油适量

做法
1 榨菜切丁，红椒切丁，白果去心。
2 将榨菜、豌豆、白果分别入沸水中焯水。
3 锅加油烧热，下葱爆香，放榨菜、豌豆、白果、红椒炒匀，用盐、胡椒粉调味，加鸡粉炒熟即可。

Tips

白果不要焯水过久，否则口感会很绵软。

碧绿三丁

原料 豌豆240克，玉米粒150克，红椒50克

调料 葱片10克，姜片5克，盐2克，胡椒粉3克，味精4克，色拉油适量

做法
1 红椒切粒。锅内加水烧开，下豌豆、玉米粒焯水。
2 锅加油烧热，下葱、姜炝锅（捞去不用），放豌豆、玉米粒、红椒粒用大火炒匀，加盐、胡椒粉、味精炒熟即可。

Tips

1 玉米的甘甜加上豌豆的清香，味道鲜美。
2 也可选用袋装甜豌豆，一般超市有售。

金沙豌豆粒

原料 罗汉笋1袋，梅干菜50克

调料 干辣椒段、姜末、蒜粒、盐、味精、香油、葱花、色拉油各适量

做法
1 罗汉笋入沸水中汆烫2分钟，捞出挤干水分切小段。梅干菜泡透，挤干水分切碎。
2 锅加油烧热，放入干辣椒段、姜末、蒜粒煸香，加入罗汉笋、梅干菜煸炒熟，加盐、味精调味，淋少许香油，撒葱花即可。

Tips

袋装罗汉笋超市冷藏柜有售，又叫高山细笋，一般如手指般粗细。

梅干菜焓罗汉笋

原料 玉米笋100克，胡萝卜100克，草菇100克，山药100克

调料 盐、味精、黄酒、水淀粉、色拉油各适量

做法
1 玉米笋切成段，胡萝卜、山药切成菱形块，草菇清洗干净。以上原料一起焯水。
2 锅置火上，放入油、黄酒，用盐、味精调味，倒入四种原料，旺火速炒，勾少许芡，淋油装盘即可。

Tips

玉米笋是甜玉米的幼嫩果穗。

植物四宝

原料 茼蒿500克

调料 葱10克，盐2克，鸡粉5克，胡椒粉3克，色拉油适量

做法
1 茼蒿洗净切段。
2 锅加油烧热，下葱炝锅，放入茼蒿煸炒片刻，加盐、鸡粉、胡椒粉炒熟即可。

Tips

1 茼蒿中的芳香精油遇热易挥发，烹调时应以旺火快炒。
2 茼蒿煮汤或凉拌有益于胃肠功能不好的人。

清炒茼蒿

原料 油菜200克，香菇100克

调料 葱花、姜丝、盐、味精、香油、花生油各适量

做法
1 油菜择洗干净，入沸水中焯一下，捞出，放入盘中。
2 香菇用温水泡发，洗净去蒂。
3 炒锅加花生油烧热，放葱花、姜丝爆香，再加入油菜、香菇用大火炒熟，加盐、味精调味，淋上香油即可。

Tips

此菜特别适合口腔溃疡者食用。

香菇油菜

原料 豌豆150克，白果200克，枸杞子20克

 调料 盐2克，胡椒粉2克，鸡粉4克，水淀粉10克，色拉油适量

 做法
1 豌豆、白果、枸杞子用水泡好，白果去心。
2 锅内加水烧开，下豌豆、白果焯水捞出。
3 锅加油烧热，放豌豆、白果、枸杞子炒匀，加盐、胡椒粉、鸡粉炒熟，勾芡即可。

Tips
豌豆如果不是应季的，就选用袋装甜豌豆，一般超市都有售。

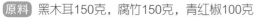
豌豆炒白果

原料 黑木耳150克，腐竹150克，青红椒100克

调料 葱片10克，盐2克，鸡粉4克，香油3克，色拉油适量

做法
1 黑木耳撕小朵；腐竹用水泡好，切斜刀；青红椒切圈。
2 锅内加水烧开，分别下黑木耳、腐竹焯水。
3 锅加油烧热，入葱片炒香，放黑木耳、腐竹、青红椒炒匀，加盐、适量水，待腐竹焖至熟透，用大火收汁，加鸡粉炒熟，淋香油即可。

Tips
木耳以秋季采收的为佳品。

黑木耳炒腐竹

原料 蟹味菇200克，丝瓜100克，紫甘蓝100克

调料 姜末8克，盐3克，味精1克，生抽10克，色拉油适量

做法
1 蟹味菇洗净。紫甘蓝切片，入沸水中焯水。
2 丝瓜去皮切条，放入三成热油中过油。
3 炒锅加油烧热，下姜末炒香，加入蟹味菇、紫甘蓝翻炒片刻，加盐、味精、生抽调味，倒入丝瓜炒匀，点明油即可。

Tips
紫色蔬菜含花青素，能预防癌症，提高免疫力。

163

蟹味菇炒丝瓜

原料 鲜蘑150克，冬笋片100克，小葱段少许

调料 色拉油、鸡汤、盐、味精、淀粉各适量

做法
1 鲜蘑洗净，切成厚片。鲜蘑片、冬笋片焯水，沥干。
2 将鸡汤、盐、味精、淀粉放入碗中，调成均匀的味汁。
3 锅内放油烧热后，放入冬笋片略煸炒，再放入鲜蘑煸炒，最后倒入味汁，翻炒后撒上小葱段即成。

鲜蘑冬笋

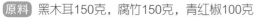

蔬菜——小炒

雪菜春笋

原料 雪菜75克，春笋250克

调料 盐、鸡精、糖、熟猪油各适量

做法
1 雪菜洗净，沥干切末。
2 春笋洗净切丁，放入沸盐水中煮5分钟，捞出沥干。
3 炒锅加猪油烧热，放入笋、雪菜翻炒1分钟，加糖、鸡精调味即可。

Tips

雪菜中含有盐分，故不需再另加盐。

原料 豆角200克，茄子200克，红小米椒1个

调料 葱段、姜片、蒜瓣、剁椒、盐、味精、糖、生抽、少许高汤、色拉油各适量

做法
1 豆角切成10厘米长段，入加了白醋的沸水中焯2分钟，捞出迅速入冰水中泡凉，捞出沥干。
2 茄子去蒂，切条，加盐腌10分钟，挤去水分。
3 锅加油烧热，放入葱段、姜片、蒜瓣，加茄子炒1分钟，放入豆角、剁椒、小米椒、盐、味精、糖、生抽、少许高汤，大火烧沸，转小火焖3分钟，大火收汁即可。

豆角炒茄子

梅干菜炒苦瓜

原料 梅干菜50克，苦瓜2根

调料 干辣椒、花椒、姜末、蒜末、高汤、盐、味精、色拉油各适量

做法
1 苦瓜纵向剖开，去瓤和籽，切片，加盐腌渍5分钟，挤去水分；梅干菜泡透，挤干水分切碎。
2 锅加油烧热，放干辣椒、花椒煸香，加入姜末、蒜末、梅干菜煸炒，加少许高汤、苦瓜炒2分钟，加盐、味精调味即可。

Tips

苦瓜加盐腌渍，再挤去水分，口感较脆，还能减轻苦味。

原料 芦笋500克

调料 盐3克，味精2克，葱粒10克，料酒5克，醋8克，色拉油适量

做法
1 芦笋洗净，去掉老皮，切段，入沸水中焯水捞出。
2 炒锅加油烧热，加入葱粒炝锅，放芦笋段、盐、料酒、醋、味精不停翻炒，待熟后淋明油即可。

Tips

芦笋可焯水后冷冻保存。

清炒芦笋

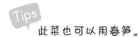

原料　冬笋1个，香菇2朵，红椒1个

调料　干辣椒、姜末、蒜末、盐、味精、蚝油、高汤、色拉油各适量

做法　1 冬笋切厚片，入沸水中焯水5分钟，捞出沥干。香菇泡透，挤干水分切碎。
　　　2 锅加油烧热，放入干辣椒、姜末、蒜末煸香，加入冬笋、香菇碎、红椒翻炒，加入盐、味精、蚝油、少许高汤略焖一下，大火收汁即可。

Tips
此菜也可以用春笋。

油焖冬笋

原料　米豆腐300克，青蒜2棵，红椒1个

调料　姜片、蒜片、郫县豆瓣、高汤、盐、味精、花椒粉、香油、色拉油各适量

做法　1 米豆腐切小块，入沸水中煮沸1分钟，捞出；青蒜切段；红椒切片。
　　　2 锅加油烧热，放入姜片、蒜片略煸，加入郫县豆瓣炒香，放入米豆腐块、少许高汤烧至入味，加青蒜段、红椒片，加盐、味精、花椒粉调味，淋香油即可。

Tips
米豆腐为湖南、贵州一带特产，以大豆磨浆制作而成。

麻辣米豆腐

165

蔬菜——蒸炖烧

原料　香干400克

调料　味精、剁椒、豆豉、姜末、蒜末、葱花、红油各适量

做法　1 香干切粗条，加入味精、剁椒、豆豉、姜末、蒜末拌匀腌渍10分钟。
　　　2 入锅蒸10分钟，熄火闷2分钟，撒葱花，淋红油即可。

Tips
香干以攸县香干最为有名，滋味鲜美。

剁椒蒸香干

板栗扒白菜

原料 板栗150克，白菜300克，枸杞子20克

调料 葱花10克，高汤200克，盐2克，味精4克，鸡汁2克，水淀粉15克，色拉油适量

做法
1 白菜切条，板栗煮熟去壳。
2 锅加水烧开，下白菜焯水，捞出挤干。
3 锅加油烧热，下葱花炒香，入白菜煸炒香，加高汤、板栗、枸杞子煮至熟，捞出摆入盘中。
4 汤汁加盐、味精、鸡汁调至入味，用水淀粉勾芡，浇在白菜上即可。

原料 莲藕、面粉各适量

调料 小苏打、鸡蛋、五香粉、胡椒粉、盐、鸡精、葱、姜、米醋、白糖、酱油、水淀粉、香油、香菜各适量

做法
1 莲藕切薄片，上笼蒸15分钟。
2 前6种调料与面粉调成糊状。
3 蒸好的藕剁碎与面糊以3：1的比例混合均匀，做成丸子，入油锅炸成金黄色捞出。
4 油锅烧热，下入葱、姜煸锅，加入3勺米醋、2勺白糖、盐、少许酱油、胡椒粉。
5 倒入水淀粉勾芡，点几滴香油出锅，均匀浇在丸子上，撒上香菜即可。

醋熘莲藕丸子

蚝油扒二冬

原料 香菇50克，冬笋150克，冬瓜150克

调料 糖3克，蚝油5克，盐2克，老抽2克，水淀粉15克，色拉油适量

做法
1 香菇用温水浸泡，剪蒂，剞花刀；冬瓜切小块；冬笋切片。
2 锅加油烧热，倒入适量清水、糖、蚝油、盐、老抽调成蚝油汁，放入香菇、冬笋、冬瓜慢煨入味，用水淀粉勾芡即可。

Tips

香菇在南方又称为冬菇。

原料 西蓝花250克，香菇100克，口蘑100克

调料 葱花、姜片、高汤、盐、味精、色拉油各适量

做法
1 西蓝花洗净切成小朵。香菇、口蘑分别洗净切块，入沸水中焯水。
2 炒锅加油烧热，下姜片、葱花、香菇、口蘑炒1分钟，加入高汤、西蓝花烧2分钟。
3 加盐、味精调味，翻炒均匀即可。

Tips

西蓝花富含膳食纤维，是减肥者的佳品。

西蓝花烧双菇

原料 冬瓜500克

调料 芝麻酱30克，盐4克，姜汁6克，姜丝15克，葱末8克，味精2克，白糖1克，花椒油、色拉油各适量

做法 1 冬瓜去皮去瓤，切成长4厘米、厚1厘米的大片，用开水焯一下；芝麻酱调好。

2 炒锅里放入油烧热，下入葱末煸出香味，放入开水和冬瓜片，加芝麻酱、盐、姜汁、味精、白糖，待冬瓜已熟、汁已浓稠时，淋上热花椒油，撒上姜丝即成。

麻酱冬瓜脯

 原料 熟鸡蛋3个，豆腐200克，青红椒50克

调料 辣妹子香辣酱1勺，姜片4克，高汤300克，盐1克，鸡粉3克，色拉油适量

做法 1 鸡蛋去皮切四瓣，豆腐切0.5厘米厚的片，青红椒切条。

2 锅加油烧热，下豆腐炸至两面金黄，捞出。

3 锅留油烧热，下辣妹子香辣酱、姜片炒香，放豆腐、鸡蛋、青红椒炒匀，加高汤用大火烧开，改用小火烧15分钟，用盐、鸡粉调味即可。

鸡蛋烧豆腐

 原料 茄子400克，熟毛豆仁75克

调料 酱油10克，料酒8克，味精2克，白糖5克，葱末、姜末、蒜片、水淀粉、清汤、色拉油各适量

做法 1 茄子切成2厘米厚的片，在两面剞上花刀，再改成菱形片。

2 清汤、酱油、料酒、味精、白糖、葱末、姜末、蒜片和水淀粉，调匀成为芡汁。

3 油烧至四五成热，放入茄子炸透，成金黄色时捞出，控净油，倒回炒锅（油已倒出），放入毛豆翻炒，勾芡，淋明油即成。

毛豆烧茄子

167

 原料 日本豆腐400克，小米椒100克

调料 葱花10克，麻辣鲜10克，盐2克，酱油2克，鲜汤50克，鸡精3克，色拉油适量

做法 1 日本豆腐切段，拍上淀粉；小米椒切末。

2 锅加油烧六七成热，下豆腐炸至金黄色。

3 锅留油烧热，下葱、小米椒、麻辣鲜炒香，放豆腐、盐、酱油、鲜汤调匀，烧2分钟，加鸡精调味即可。

Tips

豆腐在炸的时候油温要高，那样不会碎，吃起来外脆里嫩。

辣烧日本豆腐

红烩菜花

原料 菜花250克，胡萝卜50克，番茄50克

调料 盐、番茄酱、糖、胡椒粒、色拉油各适量

做法
1 菜花掰成小朵，用盐水浸泡10分钟，然后加入沸水焯5分钟，捞出沥干。
2 胡萝卜、番茄分别洗净切小块。
3 炒锅加油烧热，下番茄酱炒到油呈红色时，加水烧开，放入菜花、胡萝卜、番茄、盐、糖、胡椒粒烧熟，淋明油出锅。

加番茄酱主要为了美观，也可不加。

原料 豆腐350克，奶白菜100克

调料 葱花10克，盐2克，生抽5克，熟猪油适量

做法
1 将豆腐切4厘米见方、厚0.8厘米的片。
2 平底锅加油烧热，下入豆腐煎至两面金黄。
3 炒锅加猪油烧热，下葱花爆香，放豆腐片翻匀，加盐、生抽、少许水用大火烧开，放奶白菜煮至入味即可。

煎豆腐煮奶白菜

豆腐要小火慢煎，煎至两面金黄，不要急，要有耐心才能煎得美味。

剁椒蒸芋头

原料 芋头400克

调料 剁椒100克，盐2克，味精5克，糖3克，小葱花10克

做法
1 芋头去皮切块。
2 取1/2剁椒、盐、味精、糖调匀，加入芋头拌匀腌10分钟，放在盘底，倒入余下的剁椒。
3 放入蒸笼中蒸15分钟出锅，撒小葱花即可。

1 同等大小芋头，分量重的水分足。
2 肉质细白的芋头口感最好。
3 芋头切口汁液呈现粉质，肉质最可口。

（原料）长茄子500克，青、红椒各1个，炒香的花生碎适量

（调料）盐、味精、白醋、胡椒粉、酱油、色拉油各适量

（做法）
1 茄子切圆段，两面切浅十字花刀；青、红椒切末待用。
2 锅放油烧热，将茄子煎至两面金黄，加适量水，加盐、味精、白醋、胡椒粉、酱油调味，烧5分钟，加青椒末、红椒末、花生碎，收汁即成。

Tips

茄子皮颜色越深，营养价值越高。

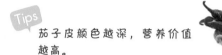

家乡茄子

（原料）油豆腐200克，小白菜150克

（调料）蒜末、高汤、盐、鸡精、色拉油各适量

（做法）
1 小白菜洗净，沥干水分。
2 炒锅加油烧热，放蒜末爆香，放入油豆腐、高汤烧至入味，再加小白菜、盐、鸡精用大火炒熟即可。

Tips

小白菜可先放梗，快熟时再放叶。

油豆腐烧小白菜

（原料）豆泡400克，红椒50克，青蒜2根

（调料）姜片6克，盐4克，酱油5克，味精2克，高汤、色拉油各适量

（做法）
1 红椒切小块。青蒜洗净切段。
2 锅内加油烧热，放姜片、青蒜炒香，放豆泡、红椒炒匀，加入高汤烧沸，用盐、酱油烧至入味，加味精调味即可。

Tips

1 优质豆泡色泽金黄，有香气，皮薄。
2 豆泡为油炸食品，易氧化，冷冻保存。

红烧豆泡

酸菜煮豆泡

原料 豆泡180克，酸菜150克，红泡椒2个，灯笼泡椒4个，清汤适量

调料 盐、味精、姜、蚝油、色拉油各适量

做法
1 豆泡用温水泡涨；酸菜切小段，待用。
2 锅放油烧热，下姜、红泡椒炒香，加清汤，用盐、味精、蚝油调味，下灯笼泡椒、酸菜，倒入豆泡煮4分钟至入味即成。

Tips

豆泡不如其他豆制品易消化，消化功能弱的人慎食。

原料 豆腐500克，大白菜200克，小葱段适量

调料 色拉油、酱油、白糖、盐、味精、鸡汤各适量

做法
1 将豆腐切成方块，入八成热的油锅中炸成豆泡待用。
2 锅置火上，加入适量清水烧沸，放入大白菜焯水，倒入漏勺沥去水分。
3 除色拉油之外的调料调成均匀的味汁。
4 锅内放油烧热后，投入小葱段爆香，放入豆泡、大白菜略煸炒后，再加味汁烧开，盛入砂锅，小火炖20分钟即成。

豆泡炖白菜

Tips

炸豆腐时，火力要大，这样可外焦里嫩。

鲜烩香菇

原料 鲜香菇300克，小青菜100克

调料 葱、盐、味精、生抽、高汤、色拉油各适量

做法
1 香菇去蒂，洗净切片。葱洗净切末。
2 小青菜洗净，去根切段。
3 炒锅加油烧热，加葱煸香，下香菇、盐、味精、生抽、高汤烧至入味，加入小青菜，翻炒均匀，点明油即可。

Tips

香菇干鲜营养大同小异，鲜品维生素C含量高些，干品维生素D含量高些。

原料 净熟冬笋300克，荠菜100克

调料 高汤、盐、水淀粉、色拉油各适量

做法
1 冬笋切成劈柴状；荠菜择洗干净，下沸水锅焯一下捞出，放进凉水中冲凉后，挤去水分，剁成末。
2 油锅烧热，投入冬笋略煸炒，加入高汤、盐，烧沸后放入荠菜，用水淀粉勾稀芡即可。

荠菜冬笋

Tips
荠菜以农历三月的较嫩，南方还要早一些。

黄豆芽烧**豆泡**

原料 豆泡250克，黄豆芽50克，小红椒2个

调料 姜丝3克，盐4克，酱油6克，味精2克，香菜段、色拉油各适量

做法
1 黄豆芽洗净去根，焯水。小红椒切段。
2 锅内加油烧热，下姜丝、黄豆芽、红椒略炒，放入豆泡，加适量水烧沸，加盐、酱油烧至入味，放入味精，撒上香菜即可。

Tips
黄豆芽较之黄豆，蛋白质利用率提高了10%左右，还能避免黄豆易引起腹胀的现象。

171

原料 春笋250克

调料 酱油、糖、味精、盐、花椒各适量

做法
1 春笋洗净切长条，入七成热油中过油捞出。
2 锅内倒入春笋，加酱油、糖、味精、盐、花椒、适量水，小火焖烧至水干，淋油即可。

油焖**春笋**

Tips
春笋若一次吃不完，焯熟后晾干，密封冷藏，可保鲜三四天。

原料 板栗180克，豆腐250克，苦瓜少许

调料 盐、白糖、酱油、味精、胡椒粉、葱段、清汤、豆豉、姜、色拉油各适量

做法
1 板栗煮熟去壳，苦瓜切块，待用。
2 豆腐切小块，入六成热油中炸至金黄色，待用。
3 锅留底油，放入姜、葱炒香，加清汤、板栗、豆腐、豆豉、苦瓜，再加其他调料，改小火烧4分钟即成。

Tips
板栗对于高血压、冠心病等具有较好的调理作用。

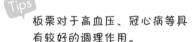

豆腐烧板栗

172

原料 雪里蕻100克，豆腐250克

调料 葱花、姜末、高汤、盐、酱油、味精、香油、色拉油各适量

做法
1 雪里蕻洗净切末，焯水挤干水分。豆腐切片，入沸水中焯水捞出。
2 炒锅加油烧热，放葱花、姜末、雪里蕻炒香，加入高汤烧沸。
3 加盐、酱油、豆腐炖开，用味精调味，淋上香油即可。

Tips
此菜要少加盐，因雪里蕻含盐分。

雪里蕻炖豆腐

原料 茼蒿200克

调料 蒸肉米粉、盐、鸡精、蒜蓉、醋、辣椒油各适量

做法
1 茼蒿择洗干净，沥干水分。
2 用米粉抓拌茼蒿，再加盐、鸡精拌匀，上笼蒸5分钟取出。
3 蒜蓉、醋、辣椒油调成味汁，装入味碟随菜上桌。

Tips
茼蒿不易久蒸，因其所含芳香精油遇热易挥发掉。

粉蒸茼蒿

原料 豆腐250克，番茄150克

调料 番茄酱、高汤、盐、味精、小葱、色拉油各
适量

做法
1 豆腐洗净，切2厘米见方的块，放入六成热
的油中炸至金色，捞出沥油。
2 番茄洗净，去籽切块。小葱洗净切末。
3 炒锅放油烧热，放番茄酱炒一下，加高汤、
豆腐烧开，加盐炖至入味，加番茄、味精烧
熟，撒葱花即可。

Tips

豆腐可先在盐水中焯一下，可
陈豆腥味。

番茄烧豆腐

麻婆豆腐

原料 豆腐400克，牛肉末75克，青蒜段15克

调料 盐、郫县豆瓣、姜粒、蒜粒、豆豉、辣椒粉、
肉汤、味精、水淀粉、花椒粉、熟菜油各
适量

做法
1 豆腐切成2厘米见方的块，入沸水中加2克
盐浸泡片刻，沥干；郫县豆瓣剁细。
2 锅置中火上，下熟菜油烧至六成热，放入牛
肉末煸炒至酥香，下郫县豆瓣炒出香味，放
入姜粒、蒜粒炒香，再放入剁蓉的豆豉炒
匀，下辣椒粉炒至色红时，倒入肉汤烧沸，
再下豆腐用小火烧至冒大泡时，加入味精推
转，用水淀粉勾芡收汁，下青蒜断生后装
盘，撒上花椒粉即可。

Tips

牛肉炒至断生，即下调料。

原料 冬笋750克，雪里蕻75克

调料 味精4克，料酒5克，盐1克，色拉油适量

做法
1 冬笋削去外皮和根部，用清水洗净，切成菱
形块，放入盐、料酒，拌匀腌好。雪里蕻用
开水泡去咸味，切成段。
2 锅里放入油，上火烧至三四成热，放入腌好
的冬笋炸成金黄色，再放入雪里蕻炸酥，一
起倒入漏勺，控净油，放回炒锅中，加入味
精翻炒几下，装盘即成。

Tips

冬笋不要切太大块，否则不易入味。

雪菜烧冬笋

原料 嫩豆腐干500克，泡椒50克

调料 泡椒汁、酱油、黄酒、盐、冰糖、蜂蜜、八角、五香粉、葱姜汁、色拉油各适量

做法
1 嫩豆腐干切成约1.5厘米见方的块，用沸水（加盐少许）浸烫数分钟，入油锅炸成金黄色、内部起孔即可。
2 将各种调料、豆干、泡椒放入锅中，加水适量，用中火烧至汤汁收干即可。

秘制豆干

Tips 此菜一般用老抽，若想颜色浅，就用生抽。

原料 带壳鲜笋750克

调料 盐、香辣酱各适量

做法 鲜笋洗净，去老根，入淡盐水中煮熟，食时剖开去壳，佐香辣酱。

Tips 农历四月是春笋上市季节，立夏就变老了。

水煮鲜笋

榛蘑茄子干

原料 榛蘑10克，茄子干30克，黄豆15克

调料 盐、酱油、高汤、味精、葱花、色拉油各适量

做法
1 榛蘑泡发好，去蒂洗净，茄子干、黄豆分别涨发好，一块下锅内煮熟。
2 锅内加油烧热，放榛蘑、茄子干、黄豆略炒，加盐、酱油、高汤焖25分钟，加味精调味，撒上葱花即可。

 Tips 茄子干用冷水或淘米水泡软即可用。

原料 平菇500克

调料 葱丝8克，姜丝10克，蒜片10克，蚝油50克，绍酒10克，盐1克，鸡粉2克，水淀粉、色拉油各适量

做法
1 平菇撕成条状，投入沸水中烫透，挤干。
2 炒锅加油烧热，放葱丝、姜丝、蒜片、蚝油煸炒出香味，烹入绍酒，加入平菇、盐、鸡粉烧至熟透入味，用水淀粉勾芡即成。

Tips 平菇的菇伞边缘向内卷曲的是八成熟的平菇，最为新鲜。

蚝油平菇

原料 豌豆苗200克，白灵菇100克

调料 鲍汁、盐、味精、黄酒、水淀粉各适量

做法
1. 豌豆苗洗净，炒熟后装到盘中垫底；白灵菇切厚片，入开水锅中焯熟，放到豌豆苗上。
2. 锅内倒入鲍汁，加黄酒烧开，加盐、味精调味，用水淀粉勾稀芡，浇到白灵菇上即可。

Tips
白灵菇富含18种氨基酸、维生素D及矿物质，非常适合缺钙之人食用。

鲍汁白灵菇

原料 水发冬菇200克，熟冬笋片100克

调料 色拉油、葱花、姜末、酱油、味精、料酒、白糖、水淀粉、香油、鲜汤各适量

做法
1. 将冬菇摘去硬根，洗干净，挤去水分。
2. 锅置旺火上，倒入色拉油，烧至六成热时放入冬笋片炸一下捞出。冬菇用开水汆烫一下捞出。
3. 炒锅上旺火，加底油，用葱花、姜末炝锅，倒入冬菇、冬笋片煸炒，加酱油、料酒、味精、白糖调味，再加入鲜汤，烧开后用水淀粉勾芡，淋香油即可。

烧二冬

原料 豌豆尖400克，蟹味菇50克，红椒、黄椒各50克

调料 葱3克，蒜1克，高汤50克，盐3克，鸡粉2克，水淀粉、色拉油各适量

做法
1. 豌豆尖洗净焯水，挤干水装盘。
2. 蟹味菇去根，择洗干净。红黄椒切条。
3. 炒锅加油烧热，下葱、蒜炒香，加蟹味菇、红黄椒、高汤、盐、鸡粉烧至入味，用水淀粉勾芡，浇在豌豆尖上面即可。

Tips
豌豆尖是豌豆苗枝蔓的尖端，很嫩，稍烫即捞出。

豌豆尖扒蟹味菇

原料 北豆腐250克

调料 郫县辣酱、葱末、蒜末、老抽、白糖、鸡精、八角、香醋、色拉油各适量

做法
1. 豆腐切成大片，放入加有盐的油锅中，用中火炸至两面金黄，捞出备用。
2. 另起锅加底油烧热，下入郫县辣酱、葱末、蒜末煸香，放入老抽、4勺清水、2勺白糖、鸡精、八角。
3. 最后放入豆腐块，大火收汁，出锅前加入1勺香醋即可。

Tips
豆腐下锅前水分要擦干。

辣酱豆腐

蔬菜 —— 蒸炖烧

红烩鸡腿菇

原料 鸡腿菇400克，鸡脯肉100克，青红椒各20克

调料 料酒10克，酱油10克，葱2克，姜末2克，盐3克，味精2克，淀粉、高汤、色拉油各适量

做法
1. 鸡脯肉切片，加淀粉、料酒、酱油腌制5分钟，入五成热油中滑油倒出。
2. 鸡腿菇、青红椒分别洗净，切片待用。
3. 炒锅加油烧热，下葱、姜、青红椒爆香，加入适量高汤烧沸，放鸡腿菇、鸡肉片、盐、酱油、味精烧至入味，待汁收干时即可。

Tips
鸡腿菇尤其适合糖尿病患者食用。

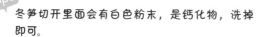

原料 冬笋尖300克，冬菇50克，胡萝卜50克，青豆30克

调料 姜末5克，豆瓣酱25克，盐3克，味精2克，色拉油适量

做法
1. 冬笋切条。青豆洗净。
2. 冬菇、胡萝卜分别切条，入沸水中焯水捞出。
3. 锅内加油烧热，下姜末、豆瓣酱炒香，加入清水烧开，放入冬菇、冬笋、胡萝卜、青豆炒匀，用盐、味精，用中火烧至汁干油清即可。

Tips
冬笋切开里面会有白色粉末，是钙化物，洗掉即可。

干烧冬笋

鱼香茄子

原料 茄子400克，尖椒50克

调料 蒜末、豆瓣酱、盐、味精、酱油、醋、蚝油、高汤、葱花、色拉油各适量

做法
1. 茄子去皮，切成长条，油锅烧热，放入茄子炸透，沥干。预先烧热的砂锅内倒入一部分炸茄子的油。尖椒洗净，去籽切条。
2. 炒锅加油烧热，放蒜末、豆瓣酱炒出香味，加盐、味精、酱油、醋、蚝油、高汤、茄子炒匀，倒入砂锅内。
3. 砂锅放在中火上烧沸，加入尖椒烧3~4分钟，撒上葱花即可。

Tips
此菜中的茄子要选嫩一点的。

原料 番茄200克，鸡蛋3个

调料 葱丝、姜丝、高汤、盐、味精、香油、色拉油各适量

做法
1 番茄用开水烫后撕去皮，切成小片；鸡蛋打入碗内搅匀。
2 油锅烧热，下入葱丝、姜丝炝锅，投入番茄煸炒几下，倒入高汤稍煮一下，加入盐、味精煮沸，淋入鸡蛋液，加入香油即可。

Tips

番茄用开水浇淋下去，烫30秒即可撕皮。

番茄鸡蛋汤

原料 冻豆腐250克，水发香菇20克，笋片15克，水发海米10克

调料 黄酒、葱段、姜片、盐、味精、胡椒粉、鲜汤、色拉油各适量

做法
1 将冻豆腐用冷水解冻，用温水洗一下，捞出挤净水，切成长方形厚片。
2 锅置火上，倒入色拉油、冻豆腐片、笋片、海米、香菇、黄酒、葱段、姜片、鲜汤烧开，大火煮沸后去掉浮沫；盖上盖，烧5分钟后，加入盐、味精，拣去葱段、姜片，撒胡椒粉即成。

Tips

豆腐切厚片，擦干水分，入冰箱冷冻即成冻豆腐。冬季直接放室外即可。

豆腐笋片汤

原料 豆苗150克

调料 鸡汤、盐、味精、香油各适量

做法 鸡汤放锅内煮开，放入豆苗，加盐、味精调味，再沸后撇去浮沫，滴入香油即可。

鸡汤豆苗

Tips 放入豆苗后不要加盖，方可保持翠绿不蔫。

原料 熟冬笋100克，榨菜50克

调料 清汤、料酒、盐、味精各适量

做法
1 熟冬笋切成丝，榨菜洗净、切片。
2 锅置火上，倒入清汤，笋片、榨菜放入锅中，加入料酒、盐、味精，烧沸后用勺子搅开，撇去浮沫即可。

榨菜笋片汤

Tips 冬笋是冬季时令菜，若是生的要先焯水再用。

原料 水发香菇、竹笋各100克

调料 清汤、盐、味精、色拉油各适量

做法
1 香菇去蒂切粗丝，竹笋剥皮切粗丝，分别入沸水锅中焯水，捞出沥干。
2 竹笋丝、香菇丝放入清汤中煮5分钟，再放盐、味精调味，淋上明油即可。

竹笋香菇汤

Tips 此汤是川菜中的精品，有清热、安神、降压的作用。

（原料）胡萝卜丝、白萝卜丝、水发香菇丝、南瓜丝、
芹菜丝各20克

（调料）清汤、黄酒、盐、味精、香油各适量

（做法）汤锅置火上，放入清汤、所有原料，待汤烧沸
后加入黄酒、盐、味精调味，倒入汤碗中，
淋入香油即可。

Tips

黑色食物补肾；白色食物补肺；绿色食物
补肝；红色食物补血；黄色食物补脾胃。

五色蔬菜汤

豆芽豆腐汤

（原料）净黄豆芽200克，豆腐块200克，鲜河虾100
克，鲜蚕豆瓣100克，姜、葱各适量

（调料）盐、黄酒、熟猪油各适量

（做法）1 黄豆芽、豆腐、蚕豆瓣分别焯水。
2 锅中倒入清水，放入葱、姜、黄豆芽、豆腐
块、河虾、盐、黄酒烧沸，撇去浮沫，放入
蚕豆瓣、熟猪油，大火烧至汤汁浓白即可。

Tips

豆腐性凉，易使脾胃寒凉，不可过量食用。

（原料）紫菜50克，鸡蛋2个

（调料）水淀粉、高汤、盐、味精、香油各适量

（做法）1 鸡蛋打入碗中搅匀，加入少许水淀粉调匀。
2 高汤煮开，放入紫菜，加盐、味精调味，淋
入蛋液，待蛋花浮起时改小火，滴入少许香
油即可。

Tips

若觉得紫菜腥，可放入姜同煮。

紫菜鸡蛋汤

蔬菜
——
汤煲

丝瓜蛋汤

原料 丝瓜150克，鸡蛋2个

调料 水淀粉、高汤、盐、味精、香油各适量

做法
1 丝瓜切条，泡入水中；鸡蛋打入碗中搅匀，加入少许水淀粉调匀。
2 高汤煮开，放入丝瓜条，加盐、味精调味，再沸后淋入蛋液，待蛋花浮起时改小火，滴入香油即可。

Tips
丝瓜汁能使皮肤白晰细嫩，有"美人水"之称。

原料 水发腐竹200克，鲜蘑菇100克，胡萝卜片10克

调料 葱段、姜片、黄酒、盐、味精、鲜汤、香油、色拉油各适量

做法
1 将水发腐竹洗净，切成3.5厘米长的段。蘑菇洗净，切成厚片。
2 煲置火上，倒入色拉油烧热后，放入葱段、姜片、腐竹段、蘑菇、胡萝卜片煸一会儿，再加入黄酒、鲜汤烧开，用大火煮沸后，盖上盖，转小火焖10分钟后，加入盐、味精调味，拣去姜片、葱段，淋入香油即成。

蘑菇腐竹煲

白菜炖豆腐

原料 白菜200克，豆腐300克

调料 葱末、姜末、高汤、料酒、盐、味精、色拉油各适量

做法
1 豆腐切片，白菜切条。
2 油锅烧热，下葱末、姜末炝锅，倒入高汤，放豆腐，加料酒、盐、味精，再放入白菜，炖至白菜熟软，出锅时淋少许烧热的色拉油即可。

Tips
豆腐也可先煎黄再加高汤，又是另一种风味。

原料 菠菜200克，北豆腐300克

调料 葱末、姜末、高汤、料酒、盐、味精、色拉油各适量

做法
1 豆腐切片，菠菜洗净切段，焯水。
2 油锅烧热，下葱末、姜末炝锅，倒入高汤，放入豆腐，加料酒、盐、味精，再放入菠菜烧沸，出锅时淋少许烧热的色拉油即可。

Tips
菠菜含有大量叶酸，适合孕妇多食。

菠菜豆腐汤

原料 春笋2根，梅干菜50克

调料 干辣椒、姜末、蒜末、盐、味精、高汤、葱花、色拉油各适量

做法
1 春笋去壳，取嫩的部分，斜切成厚片，入沸水中汆烫5分钟，捞出沥干。梅干菜泡透，挤干水分切碎。干辣椒掰段。

2 锅多加一点油烧热，将春笋煎至两面金黄，盛出。

3 锅留底油，加入干辣椒、姜末、蒜末小火煸香，放入春笋、梅干菜翻炒，加盐、味精、少许高汤焖至入味，大火收汁，撒葱花即可。

农家煎笋子

 原料 嫩香椿芽200克，鸡蛋2个

调料 盐2克，料酒6克，面粉40克，淀粉50克，花椒盐6克，色拉油适量

做法
1 香椿嫩芽用开水略烫，控去水，沾上面粉。

2 鸡蛋打入碗中，放入盐、淀粉、料酒，调成鸡蛋面糊。

3 炒锅里放入油，烧至五六成热时，把沾好面粉的香椿芽再沾上鸡蛋面糊，放入油锅中炸制，待面糊一熟，即可捞出香椿鱼，控净油，蘸花椒盐食用。

炸香椿鱼

 原料 土豆2个

调料 干辣椒、花椒、蒜蓉、盐、味精、白芝麻、葱花、色拉油各适量

做法
1 土豆切成手指头粗细的条，在水中泡去淀粉，捞出握干，入油锅中火炸熟，开大火炸至外壳金黄酥脆，捞出沥油。

2 锅留底油，放入干辣椒、花椒、蒜蓉小火煸香，放入土豆条炒匀，加盐、味精拌匀，撒上炒熟的白芝麻、葱花即可。

Tips

炸土豆不能一开始就用大火，否则会外面炸焦了，里面还没熟。

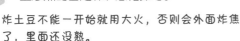
干煸土豆条

 原料 北豆腐1块，杭椒2个，红尖椒2个，青蒜2棵

调料 盐、葱段、姜片、高汤、鸡精、老抽、色拉油各适量

做法
1 北豆腐切片，入加了盐的沸水中汆烫一下，捞出。杭椒和红尖椒切段。青蒜切段。

2 锅放油烧热，豆腐握干水分，入锅煎至金黄，盛出。

3 锅洗净，加油烧热，下葱段、姜片炝锅，入杭椒、红尖椒干煸一下，放入豆腐片炒匀，加少许高汤、盐、鸡精、老抽，烧至水分快干，放入青蒜，翻炒出锅。

农家煎豆腐

图书在版编目（CIP）数据

家常菜一本就够/尚锦文化编 .—北京：中国纺织出版社，2019.3 （2024.11重印）

ISBN 978-7-5180-5378-0

I. ①家… II. ①尚… III. ①家常菜肴—菜谱 IV. ① TS972.12

中国版本图书馆 CIP 数据核字（2018）第 206634 号

责任编辑: 樊雅莉　　　　责任校对: 王花妮　　　　责任印制: 王艳丽

中国纺织出版社出版发行

地址: 北京市朝阳区百子湾东里 A407 号楼　邮政编码: 100124

销售电话: 010 — 87155894　传真: 010 — 87155801

http://www.c-textilep.com

E-mail: faxing@c-textilep.com

官方微博 http://weibo.com/2119887771

天津千鹤文化传播有限公司印刷　各地新华书店经销

2019 年 3 月第 1 版　　2024 年 11 月第 12 次印刷

开本: 710×1000　1/16　印张: 12

字数: 201 千字　　定价: 29.80 元